中央高校基本科研业务费专项资金资助项目（2020ZDPY0221）
国家自然科学基金区域联合基金重点项目（U22A20165）
国家自然科学基金面上项目（52174089）
国家自然科学基金青年科学基金项目(52104106)
徐州市基础研究计划项目（KC21017）

松散煤体巷道旋喷改性控制理论与实践

孙元田　李桂臣◎著

中国矿业大学出版社
·徐州·

内容简介

本书以改善松散煤体的物理力学性质为根本出发点，以注浆作为煤体改性的基本手段，借鉴岩土工程领域较为成熟的隧道高压旋喷预注浆技术，提出松散煤体巷道旋喷加固方法，并通过分析高压射流破煤机理、水泥浆液改性松散煤体固结机理及现场成桩扩孔试验等验证该技术的可行性，为深度加固松散煤体、抑制煤层巷道流变提供新的尝试和解决思路。全书内容丰富、层次清晰、图文并茂、论述有据，具有前瞻性和实用性。

本书可供采矿工程及相关专业的科研和工程技术人员参考使用。

图书在版编目(CIP)数据

松散煤体巷道旋喷改性控制理论与实践/孙元田，李桂臣著. —徐州：中国矿业大学出版社，2022.10

ISBN 978-7-5646-5478-8

Ⅰ. ①松… Ⅱ. ①孙… ②李… Ⅲ. ①疏松地层—煤巷—灌浆加固—研究 Ⅳ. ①TD263.5

中国版本图书馆CIP数据核字(2022)第122112号

书　　名　松散煤体巷道旋喷改性控制理论与实践
著　　者　孙元田　李桂臣
责任编辑　王美柱
出版发行　中国矿业大学出版社有限责任公司
（江苏省徐州市解放南路　邮编221008）
营销热线　(0516)83884103　83885105
出版服务　(0516)83995789　83884920
网　　址　http://www.cumtp.com　**E-mail**:cumtpvip@cumtp.com
印　　刷　江苏淮阴新华印务有限公司
开　　本　787 mm×1092 mm　1/16　**印张** 8.25　**字数** 206千字
版次印次　2022年10月第1版　2022年10月第1次印刷
定　　价　48.00元
（图书出现印装质量问题，本社负责调换）

前　言

工程实践表明，在地下采矿工程领域，巷道的变形、煤柱的渐变失稳、上覆岩层的下沉等都与时间息息相关，煤岩体存在着随时间的延长而缓慢变形的时间效应，这反映了大尺度的流变现象。深部松散煤体巷道，随着时间的推移其围岩应力不断进行调整，极易产生挤压流变而失稳破坏。因此，要维护巷道的长期稳定和安全，必须考虑工程煤岩体的流变特性。如何针对性地控制松散煤体的流变，是当今也是未来一段时间内巷道围岩控制领域的难题。

现阶段对于松散煤体巷道的变形控制采用的手段仍不具有明显的针对性。传统的锚网索支护虽然在一定程度上能够保持该类巷道短时间的稳定，但是对于具有明显流变性质的松散煤体控制效果较差。究其原因是松散煤体自身力学性质弱，在长时间受载影响下，产生持续大变形。因此，通过注浆改性加固手段提高松散煤体自身承载能力和抗流变性能逐渐成为研究热点，但传统注浆技术存在明显的短板，对于松散或密实的煤体预注浆效果差，滞后注浆时机难以把控。随着多学科交叉融合发展，借鉴岩土工程领域的高压旋喷预注浆技术，充分改性松散煤体，提高煤体抗流变性能，为治理该类巷道的变形提供了参考。

因此，笔者针对松散煤体巷道流变特点，采用工程调研、室内试验、理论分析、数值计算及现场试验相结合的研究方法，基于典型的松散煤体巷道流变工程案例，揭示了松散煤体的流变演化过程，创新性提出了旋喷注浆加固松散煤体的控制对策，并测试了煤浆固结体物理力学性质，揭示了旋喷加固技术抑制巷道流变机理，为研究与治理松散煤体巷道提供了新的思路。本书就是上述内容的总结提炼。全书共分为6章。第1章，系统回顾了软岩流变巷道的控制理论与技术，同时对巷道注浆加固的特点进行了深入剖析，提出了高压旋喷预注浆加固软煤流变巷道的技术思路。第2章，选取典型的松散煤体巷道流变失稳的工程案例，在变形监测基础上，揭示其流变特点并模拟揭示了其流变演化过程。第3章，深入揭示了高压射流破煤的机理，建立了相关力学模型，并对射流在煤体中扩孔范围及影响因素进行了系统的研究，总结了相关旋喷成桩与改性固结机理。第4章，试验研究了煤浆固结体的物理力学性质，设计了煤浆混合物并测定了其坍落度，从宏观微观角度分析了水泥浆对煤体的改性作用。第5章，提出了旋喷注浆加固巷道的设计思路、原则和关键技术，建立了含有旋喷加固桩体的三维数值模型，合理选取了本构模型和相关参数，探索了两种旋喷方案在巷道流变变形抑制、围岩应力优化及塑性区扩展控制上的机理。第6章，提出了高压旋喷加固流变巷道的技术对策并试验了其对松散煤体的扩孔成桩效果。

本书是松散煤体高压旋喷注浆改性加固理论与实践的成果，是课题组融合岩土工程中旋喷技术与采矿工程中软煤注浆理论的生动展现。笔者在不断摸索和学习过程中，探索出旋喷注浆软煤巷道的“浅表改性、预先加固、提高承载、边放边抗、柔中有刚、多重支护”的基本控制思想。在撰写本书过程中，得到了徐州工程学院校长张农教授的悉心指导和帮助。课题组博士生荣浩宇、许嘉徽、孙长伦、李菁华等参与了部分资料汇总和编排工作，课题组硕士生杨森、卢忠诚、沃小芳、魏鹏、罗东洋、陶文锦等参与了部分文字校验工作。本书的现场研究部分，得到了淮北矿业集团领导及相关技术人员的大力支持，在此一并表示感谢。

由于作者水平所限，书中难免存在一些不足之处，恳请专家学者批评指正。

著　者

2022年10月于中国矿业大学

目　录

1 绪 论

1.1 引 言

我国自然资源的禀赋决定了煤炭资源在现阶段仍将占据主体消费部分。随着浅部煤炭资源的枯竭，深部煤炭的开采已经逐渐成为趋势[1]，并将占据未来煤炭开采的大部分，随之而来的是复杂的开采环境和灾害威胁[2]。大量布置在煤层中的回采巷道在深井地压的影响下会产生持续的变形，这种现象称为煤岩的流变[3]。

当前我国大部分产煤省份都存在着一类特殊的软煤，其强度低，裂隙发育，在地应力和开采扰动下极易破碎，控制难度极大[4]。而布置在此类松散煤体内的回采巷道会随着时间的增长逐渐产生大变形，且该类变形不可逆。深部软岩巷道受此影响，往往表现为除了弹塑性及岩体扩容和剪胀变形外，还包含随时间推移而产生的流变变形[5-6]。宏观上表现为，围岩的大变形不是在巷道开挖后立即产生的，而是随着时间的延续逐渐显现的，巷道的失稳破坏与否取决于围岩应力状态和自身强度[7]。在这类松散煤层巷道中，保证它们在相对较短的回采服务期限内的稳定成了亟待解决的问题。

在巷道流变变形控制方面[8-10]，现阶段多采用传统锚网索、棚式支护，或者锚网索注喷等复合技术措施及相关的优化后的变体支护技术。从现场效果反馈来看，部分支护达到巷道回采服务期间变形控制要求，而更多监测表明，针对具有流变性质的松散煤层巷道，传统支护手段难以控制低强度煤体的长时大变形[11]。这主要由于松散煤体结构可锚性与稳定性差，自身承载能力低，难以与支护结构形成稳定承载体，随着流变变形加大，围岩的挤压应力的积聚最终导致此类支护的失效。

近年来，一些高强度高刚度的支护手段如钢管混凝土支护技术已经成功应用于深井高应力巷道[12-14]。但是随着对深部软岩流变特性研究的深入，人们认识到岩体的自身性质是决定支护结构稳定性的关键因素。破碎程度高、强度极低的围岩即使采用高强度的支护，因为所受应力超过其长期强度，流变现象也很明显，无法保证巷道的稳定。因此，注浆技术常用来提高围岩体的内在强度属性[15]。注浆后，松散破碎的煤岩块体的结构面被充填和胶结在一起，形成完整的承载结构，极大地提高了围岩的内聚力和内摩擦角；与之相应地，即使注浆体再次破坏，其残余强度仍高于注浆前，依然起到控制巷道大流变变形作用[16]。也因此特点，各种注浆改性加固技术逐渐被提出，如巷道滞后注浆、断面超前预注浆、地面预注浆等[17]，与之相应的各种注浆材料也逐渐发展起来，如水泥基注浆材料、化学注浆材料等。但需要指出的是，传统的注浆方法和材料在松散煤体流变治理中存在着一些问题[18]，如注浆扩散效果较差、注浆时机不易把握等，因此需要借鉴或提出新的注浆方法来从根本上改性松散煤体，提高其抗流变性能，从而减小巷道变形。

综上，如何结合现场提出从本质上抑制松散煤体巷道流变的控制手段，这是当今急需解决的现实问题。因此有必要从现场松散煤体变形入手，研究其变形机制，指导对松散煤层巷道流变变形控制的研究，完善深部巷道控制技术，保障煤炭安全高效开采。

1.2 国内外研究现状

随着煤矿开采深度的增加，深部巷道的变形失稳等特征与浅部有着非常大的区别，一般具有明显的软岩失稳和时效失稳特征。同时适用于浅部的巷道控制理论和技术，在深部部分已经无法满足控制效果要求。具有流变性质的煤体巷道，一般都属于软岩难控制巷道，因此这类巷道的控制可参照和借鉴软岩支护理论与技术。国内外学者对于深部软岩巷道的控制理论和技术进行了长时间的研究和应用，形成了多种支护理论和相应的技术。

1.2.1 软岩流变巷道控制理论

自 20 世纪 60 年代开始，奥地利工程师拉布西维兹(L. V. Rabcewicz)在前人研究和实践基础上提出了影响深远的隧道施工方法，称为新奥地利隧道施工法(New Austrian Tunnelling Method，NATM)，简称新奥法[19]。后经学者缪勒对该方法进行了理论总结和提升，形成了较为系统的新奥法支护理论。该理论的核心是强调围岩的自身承载能力，使围岩成为支护的重要组成部分，因此认为围岩与支护体共同承担围岩压力，共同作用是其理论精髓。在该思想的指导下，新奥法提出柔性支护和早期及时支护概念，以充分调动和保护围岩的自承能力。该方法后来被推广到采矿、水利水电等岩土工程领域。煤矿深部巷道控制理论中的让压、及时支护等观点都是依托于此提出的。这是对深部巷道围岩控制影响深远的基础理论[20-21]。

在国内，由于我国煤岩体工程迅猛的发展，一系列的较为成熟的围岩控制理论被提出[22-23]，包括联合支护理论、松动圈理论、围岩强度强化理论、应力控制理论、高预应力强力支护理论、耦合支护理论等。其中，联合支护理论由陆家梁教授等学者提出，主旨在于联合不同性能的单一支护形成组合支护结构，以适应不同的压力和变形，是对新奥法的进一步发展。对围岩初次支护要采用让压理念，在一定的支护下缓慢释放压力，允许部分变形，二次支护要提供较大的刚性支护抗压，可以概括为先柔后刚、柔让适度、先让后抗、稳定支护。在此基础上发展的有锚网喷支护、锚注支护、锚带喷架支护、锚喷-大弧板支护理论等[24]。其中锚喷-大弧板支护理论是郑雨天教授等[25]提出的，在先柔后刚的理念下，强调二次支护的强度和刚度，采用锚喷和钢筋混凝土大弧板控制围岩长期稳定，该理论在隧道围岩控制中得到了普遍的应用。董方庭教授等[26-27]认为巷道开挖后围岩的破裂会产生不同大小的松动圈，在松动圈发展过程中的围岩碎胀力是支护体系破坏的主要原因，支护的作用是限制松动圈碎胀力而维护巷道稳定。松动圈越大，碎胀力越大、支护反力越大，支护越困难，应根据松动圈大小选择合理的控制方式。侯朝炯教授等[28]提出了锚杆支护的围岩强度强化理论。该理论认为巷道围岩的稳定主要取决于自身强度和应力状态，锚杆支护的主要作用是改善围岩的力学参数，提高围岩峰后强度，从而使锚杆支护体和围岩形成共同承载结构，维护巷道稳定。应力控制理论也称为让压法、卸压法或围岩弱化法。该理论认为高应力巷道的变形压力不可抗，可以通过各种让压或卸压形式将其释放，使作用于巷道周围的集中载荷转移到远处的围岩中，降低巷道的围岩应力水平，从而减少支护结构的破坏。卸压方法包括钻孔、爆破、切缝、开卸压槽、开卸压巷或让压支护，近年来由何满潮院士等[29-30]提出和发展的切顶卸压预成巷也属卸压控巷的一种。康红普院士等[31]提出了高预应力强力支护理论，认为高强度高刚度支护是维护围岩完整性和减少围岩强度损伤的有力措施，并开发出强力锚杆锚索等支护材料。何满潮院士等[32-34]提出深部巷道的耦合支护理论，深部巷道的围岩塑性大变形主要是支护结构和围岩之间不耦合协调造成的，据此提出锚网索耦合支护非线性设计方法，从而在强度、刚度及结构上使围岩与支护体耦合协调。

综上，各种巷道围岩控制理论不断地形成和发展，指导了深部巷道围岩的稳定控制，为相关控制技术提供了理论依据。同时也应该注意到，受复杂的地质条件、工程条件及施工技术等影响，以上理论在不同地区不同矿井甚至不同巷道的应用都有其局限性。因此，要在上述理论中选择合适的作为指导，然后因地制宜地提出针对性的巷道控制措施。

1.2.2 软岩流变巷道支护技术

随着各种深部软岩巷道控制理论的提出，与之相对应的就是产生了各种支护技术。新奥法支护理念长期为流变巷道提供设计指导，但随着开采深度的增加，仅仅通过让压的技术方案已经不能保证巷道的安全稳定。因此联合支护技术逐渐发展，采用锚杆先对初期围岩进行让压支护，再增加后期的支护强度和刚度，保证巷道的稳定[35-37]。具体的是以锚杆、锚索、注浆、金属支架或者混凝土衬砌结构等组成的联合支护技术。实际对巷道进行控制时，形成了如锚网喷支护技术、锚网索支护技术、锚网喷＋U 型钢支护技术、锚网注支护技术、可缩 U 型钢＋喷注支护技术、锚网喷＋钢管混凝土支护技术等[38-43]。这些技术在特定的环境下都起到了积极的控制效果。但随着对软岩流变巷道的认识的增强，人们逐渐意识到，即使采用让压支护，将高强度和高刚度支护施加于巷道，有些巷道也难以控制，这主要是由于巷道周围的围岩过于破碎，完整性极差，完全丧失了自身承载能力。虽采用了锚网喷、U 型钢等复合控制手段，但难以改变围岩实际破碎状态。因此注浆加固支护技术逐渐被认可[44-46]。

1.2.3 巷道注浆加固技术及存在问题分析

注浆是可以改变围岩物理力学性质的加固方法，可从根本上改善围岩的强度和整体性，因此也可称为注浆改性加固技术。一般地，对于巷道的注浆加固，按照注浆时机来讲，主要分为预注浆和后注浆。预注浆在掘进工作面开挖前注浆加固，避免巷道开挖时顶板冒落和垮塌，提前形成加固结构。后注浆是指在巷道开挖后及时注浆或滞后一定距离注浆[47]。注浆加固发展历程较长，在煤矿软岩巷道支护中作为主要的加固手段已得到长时间的应用和发展，现将部分近年来的注浆工程实践成果简要概述如下。

巷道超前注浆是为了在开挖前改善围岩体性质，在一些极端恶劣的地质条件下应用，如松散岩土层、断层破碎带、断层涌水带等，这些区域部分围岩开挖容易引起垮冒坍塌和涌水等。超前注浆后的围岩具有高强度、低渗透性，已成功应用于很多复杂工程。近十年来，如在巷道超前注浆方面，李桂臣、张农、许兴亮等[48-51]针对复杂情况下的煤矿巷道采用超前注浆等方法加固断层破碎带、松散泥质岩体等，取得了较好的效果。曹晨明等[52]将低黏度的化学注浆材料成功注入破碎煤中，提前控制了掘进前煤体的冒落。曹呆军[53]采用高水速凝材料对软煤巷道超前预注浆，巷道整体控制效果较好。陈科等[54]通过超前预注浆成功避免了巷道的煤壁片帮和顶板冒落问题。冯志强等[55]通过对传统注浆材料的改性，成功将其应用于巷道破碎带的超前加固区。韩玉明[56]对受采动影响巷道进行超前注浆，成功抑制了巷道大变形。李泉新[57]对煤层底板进行超前定向钻孔注浆预加固，效果显著。郭士强等[58]对极松软煤层巷道超前预注浆加固，成功解决了掘进过程中的煤体变形和冒落问题。需要说明的是，这种注浆手段对围岩的受注性要求较高，在巷道未开掘的一定范围内，围岩应力没有解除释放，岩体中的微裂隙处于闭合状态，浆液的扩散通道受阻，扩散范围受到影响。一般地，岩体中较大的裂隙是浆液的扩散通道。

滞后注浆技术一般应用于受注介质具有良好的裂隙和孔隙发育情形，浆液可以在岩体一定范围内很好地扩散，加固范围大。通常，煤层巷道的滞后注浆因巷道表面煤体较破碎，浆液扩散较好，浆液与煤体能形成较好的凝固体，可显著提升巷道围岩强度。在巷道滞后注浆方面，近年来，张农等[59]对千米深井进行滞后注浆二次加固，分析了注浆时间和压力等，围岩控制效果较好。何满潮等[60]采用注浆等耦合支护技术对非线性及塑性大变形巷道进行了治理，保证了巷道稳定。杨仁树等[61]对大断面巷道软弱煤帮进行浅深孔滞后注浆，围岩变形得到了有效控制。刘泉声等[62]通过"三步走"的注浆方案成功对深部软岩巷道进行了加固，围岩承载力明显提高。王炯等[63]对深井高应力巷道采用注浆耦合支护技术，提高了巷道硐室群的稳定性。李召峰等[64]对富水破碎围岩体进行注浆综合治理，从根本上提高了支护强度。王琦等[65]对"三软"煤层进行注浆，极大地提高了围岩的强度，经注浆后的巷道可将传统的 U 形棚替代。孟庆彬等[66]对大断面煤巷进行注浆二次加固，较好地治理了煤巷大变形和底鼓。孙利辉等[67]通过注浆手段对深部软岩巷道的底鼓进行了治理。现阶段采用的滞后注浆技术的缺点也显而易见，由于巷道延迟注浆，巷道围岩破碎区在应力重新分布和释放过程中进一步发育，部分区域的煤体已经完全进入破碎状态，碎胀变形明显，几乎丧失了自身承载能力，因此滞后注浆控制效果难以保证。

综上，各种针对深部软岩巷道变形的控制技术不断被提出和优化，以注浆加固改性围岩为主要手段的控制体系正在逐渐完善，取得了良好的效果。在总结上述成果过程中，笔者也发现该技术存在着一定的不足。对于深部松软煤体巷道，若采用滞后注浆，受煤体低强度大流变特性影响，注浆加固效果极差。若采用预注浆，对于处于高应力下的极松散的煤体，虽然煤体内裂隙孔隙发育完全，在未开挖的掘进工作面前方，在常压注浆下，处于三向应力状态的煤体裂隙孔隙被压实，难以大范围被撑开。即使在高注浆压力情况下，也仅能形成劈裂注浆贯通带，浆液扩散范围小。因此，常规超前预注浆加固方法在高地应力松散煤体下的应用难以达到预期效果。所以，对于流变现象严重的软煤层巷道，需要提出新的注浆改性方案，来维护巷道的稳定。

1.2.4 高压旋喷预注浆加固软煤流变巷道技术的提出

高压旋喷技术是 20 世纪 70 年代初期由日本率先提出的一种新型地层加固技术[68]。该技术一般用于地基的预加固，经过多年的研究和发展已经比较成熟，在世界各地很多工程上都有成功的应用[69]。它利用工程钻机将旋喷管置于预加固地层的一定深度下，然后将钻杆旋转退出，并在此过程中将预先配制好的浆液（水泥浆液或化学浆液）以高压力和高速度由较小的喷嘴喷出，冲蚀切割土层，将破碎的土体打散并与浆液深度搅拌，随后凝结成加固体，可称为旋喷桩[70]，具体竖直旋喷注浆加固地层流程如图 1-1 所示。通常，由于旋喷加固的介质为土或砂，形成的混合物称为 Soilcrete 或者 Sandcrete，可以统称为水泥土[71-73]。应用该技术得到的这类混合物具有高强度、低渗透性、质量均匀且形状易控制等突出优势，已经在国内外较为恶劣地质条件下得到应用。高压旋喷预注浆与传统的静压注浆相比在一些方面优越性十分明显，如较小的钻孔可以形成较大的加固体，相当于扩散范围较大且均匀，同时该加固体的物理力学性质相对土而言得到深度改性，这些都是传统静压注浆所达不到的[74-75]。

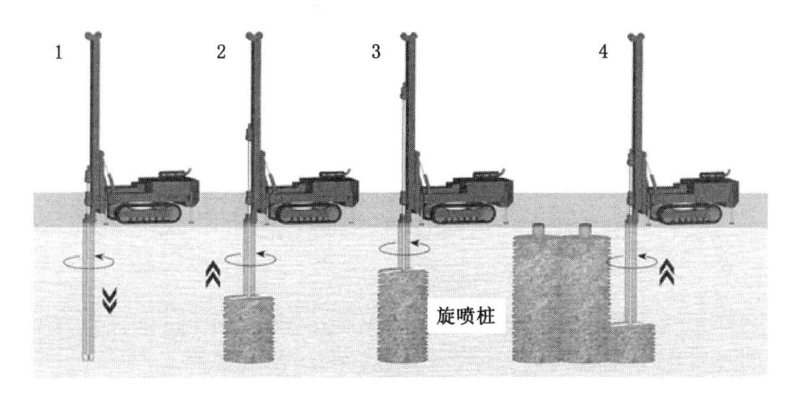

图 1-1 竖直旋喷加固技术示意图

该技术的关键是高压喷射流，它经高压设备加压，以极高的速度射出喷嘴，同时携带着巨大的能量[76]。在喷嘴直径确定条件下，喷射压力越大，流体流速越快；流量越大对土体的破坏也越强，从而影响着射流切割土体的范围。因此一般地，要尽可能地增大喷射流的流速和流量[77-79]，来提高旋喷桩成型控制效果。在此基础上，高压旋喷的射流逐渐发展为以下四种：单管射流、二重管射流、三重管射流及多重管射流，与之相对应形成适应的旋喷方法[80]。

进一步地，在某些工程中竖直钻孔不适宜，而又需要采用高压旋喷注浆来改善土体力学性质时，如隧道工程，当其布置在软弱地层环境中时，采用水平、近水平或者倾斜钻孔方式进行旋喷注浆加固隧道周围土体，改善支护环境，近水平高压旋喷技术应运而生[81-82]。具体地，在土层中布置水平或有较小角度的仰斜或俯斜钻孔，然后类似竖直旋喷操作，高压旋喷注浆管喷嘴呈水平状由里向外缓慢拔钻杆，形成均匀的旋喷桩，具体的隧道工程上应用的水平高压旋喷形式及形成的旋喷桩支护结构如图 1-2 所示。一般地，该技术沿着隧道拱外边缘进行旋喷注浆，形成的旋喷桩彼此搭接在一起形成一个具有稳定结构的拱棚，并在它的保护下开挖隧道断面。其具有以下几方面的特点：高压旋喷形成的预支护结构，提高了土体的抗剪能力，可以有效减小开挖后的断面变形[83]；经深度改性的土体即水泥土强度和刚度较高，可控制软弱地层的坍塌垮冒等灾害[84]；因成型的每一个旋喷桩体的形状和大小可控，桩体重叠较规则，比一般的注浆形成的固结体均匀；水泥浆作为高压旋喷的主要材料，成本低、污染小，且固结体强度大、耐久性好、可靠性高。水平高压旋喷预支护技术已经在我国很多隧道工程中得到了应用[85-91]。

综上所述，鉴于高压旋喷技术在深度改良软弱介质的物理力学性质上的巨大优越性和在隧道预加固中已取得的成功，有必要参考这些成功的案例和技术要点，提出利用旋喷改性预加固处理的方法对松散流变的煤层巷道进行加固强化，解决巷道开挖时的散煤冒落和开挖后的长期大流变问题，为流变煤体巷道控制提供新的解决思路。

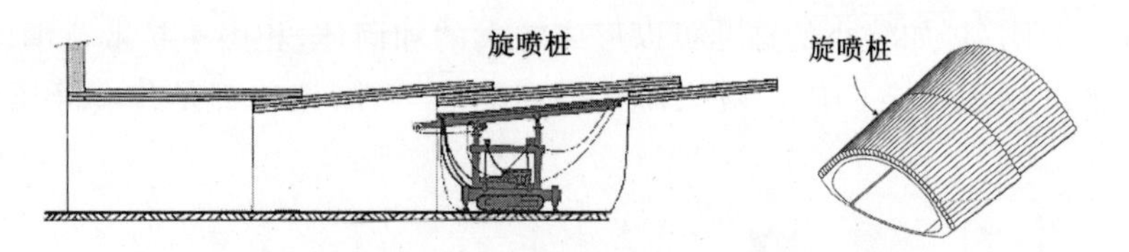

图 1-2　水平高压旋喷及形成的支护结构示意图

1.3　存在的问题

（1）大流变煤层巷道的控制技术仍需创新

传统的煤巷控制技术已经难以有效地对松散煤层巷道长时间流变进行控制，如何学习借鉴和引入新的技术用于巷道支护加固，需要提供新的研究思路。

（2）针对高压旋喷射流破煤成桩作用的研究缺乏

受限于松散煤体特殊的赋存状态，真实环境中存在高地压状态，高压含水泥浆射流在此情况下是否能破煤成桩仍值得深入探讨研究，因此在实验室和现场研究高压射流破煤机制具有重要的意义。

（3）旋喷注浆改性与加固松散煤体机制不明确

含有高压、高流速的水泥浆射流如何改性松软煤体，作用机制如何，加固形成的煤浆固结体物理力学特性如何，都需要深入研究和探索。因此，深入探讨和研究相关改性加固机制对于旋喷注浆的现场应用具有积极推动作用。

（4）深地环境下高压旋喷注浆现场试验缺乏

常规的岩土工程旋喷试验开展较多，但深地环境尤其是高围压、松散煤体环境下的现场试验目前仍为空白，因此开展相关的现场试验验证研究对于旋喷注浆手段的应用具有现实指导意义。

2　典型松散煤体巷道失稳特点与机制

流变效应是煤体的典型的力学特性之一，因其与时间密切相关，在某种程度上决定着煤岩体工程的长-短期稳定性。开展典型松散煤体地质条件下的巷道围岩变形调研，揭示其内在的流变变形机理，对于阐明松散煤体变形特点具有重要意义。本章通过现场监测巷道位移并建立相应的巷道数值模型，实验室研究小尺度的松散煤体试样流变规律，将流变参数输入模型，进而揭示松散煤体巷道在流变过程中的位移、应力、围岩塑性区等方面的演化规律。

2.1　典型松散煤巷流变工程案例

2.1.1　工程地质概况

该松散煤体巷道工程为涡北矿 8204 工作面机巷，即实验室构建等效煤体所取的原煤所在地。具体来说，8204 工作面位于北二采区中部，东邻 8203 工作面机巷（8203 工作面已经回采完毕），北至 F_{11-17} 断层，西邻 8205 工作面。该工作面标高为 −629～−663.6 m；地面相对平坦，标高为 30.2～31.1 m；走向长度为 1 506 m。

该工作面煤层松散破碎，主采 8_1 煤与 8_2 煤均呈粉末-碎块状。8_1 煤、8_2 煤之间的夹矸为灰-深灰色块状泥岩，含植物化石，厚度为 0.8～6.0 m，平均厚度为 2.5 m。煤层与夹矸总体呈从外向里逐渐变薄的趋势。8204 工作面的基本顶以粉砂岩和细砂岩为主，直接顶以泥岩为主，直接底主要为泥岩，老底主要为泥岩和粉砂岩，岩层柱状图如图 2-1 所示。

岩性	平均厚度/m
粉砂岩-中砂岩	22.90
泥岩-粉砂岩	2.69
8_1煤	3.36
泥岩	2.50
8_2煤	2.54
泥岩	1.60
泥岩-细砂岩	7.90

图 2-1　8204 工作面岩层柱状图

2.1.2　巷道现有支护及变形监测设置

8204 工作面机巷沿现有 8 煤底板掘进，巷道直接顶板为顶煤，松软破碎，底板为泥岩，强度较高，整体性较好。巷道断面形状为拱形，规格为净宽×净高＝5 600 mm×3 800 mm，现有支护方式为传统的 U 形棚支护，排距为 800 mm，配合喷浆补强，喷浆厚度为 100 mm，支护断面如图 2-2 所示。

现场对围岩位移进行长时间监测，巷道断面上的监测点分别布置于顶板、底板中心，以及两帮中部。设置多个测站，持续监测巷道围岩变形。选取距离巷道开口位置 100 m，150 m 及 200 m 的测站分别大约 300 d 的监测数据，并进行整合分析。测站布置如图 2-3 所示。

巷道由于存在顶板下沉和两帮严重内挤情况，常常需要扩刷修复，因此监测数据存在不小的波动。根据变形规律，先剔除各测站内的异常监测数据，得到可以明确反映巷道围岩变

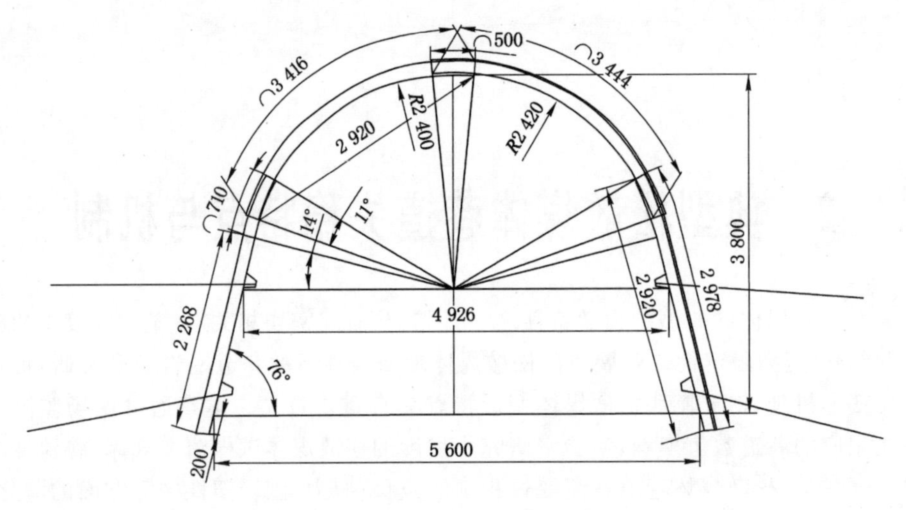

图 2-2　8204 工作面机巷支护断面

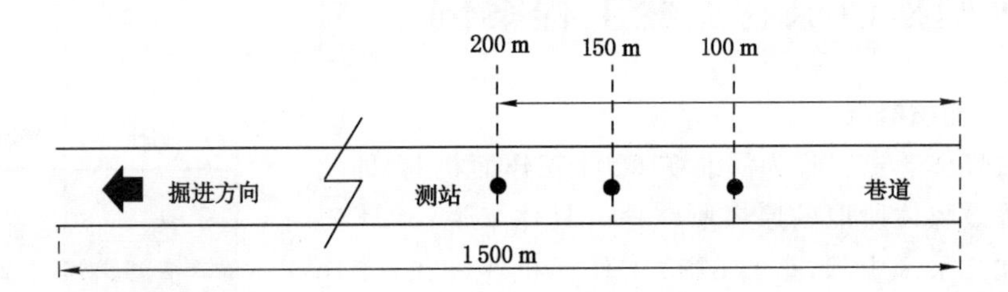

图 2-3　测站布置位置

形规律的位移。进一步地，虽然各个位移测站处于同一条巷道内，考虑巷道围岩赋存状态的离散性及测站布置的局部性，将 3 个测站的各测点完善的数据进行取平均处理，这样可以较为客观地揭示巷道的变形特征。

2.1.3　现场巷道变形监测结果

现场实测得到的巷道顶底板及两帮的收敛曲线如图 2-4 所示。

由图 2-4 可知，该巷道的变形具有明显的时效特性即围岩具有流变性质。随着时间的增长，巷道两帮及顶底板的位移逐渐增大。巷道的两帮变形远大于顶底板变形，根据数据，巷道的两帮收敛量达到了 881 mm，而顶底板收敛量为 310 mm 左右，两帮收敛量是顶底板的近 3 倍。在前 30 d，两帮收敛量达 605 mm，顶底板收敛量达 248 mm，巷道变形量超过了总变形量的一半，巷道收敛快。在 60 d 左右，巷道基本处于稳定变形阶段，随着时间继续增长，巷道处于长时流变变形状态。综上认为，该巷道的变形存在两阶段流变特性，即前 60 d 左右的减速流变阶段和后期的等速流变阶段。分析认为，这主要是巷道浅表煤体的塑性加速流变和深部煤体的长时流变共同作用产生的综合流变效果。

进一步地，根据顶底板及两帮收敛数据得到的收敛变形速率与时间关系曲线如图 2-5 所示。一般地，两帮的收敛变形速率在前 60 d 高于顶底板的收敛变形速率。两帮收敛变形速率最高可达 33 mm/d，顶底板收敛变形速率最高可达 22 mm/d。随着时间的增长，巷道的收敛变形速率逐渐降低，但不为零，只是变形速率较小，依然存在持续变形。根据收敛变形速率可以更明显地将巷道的流变以 60 d 为界分为两个阶段，即上面讨论的减速流变阶段

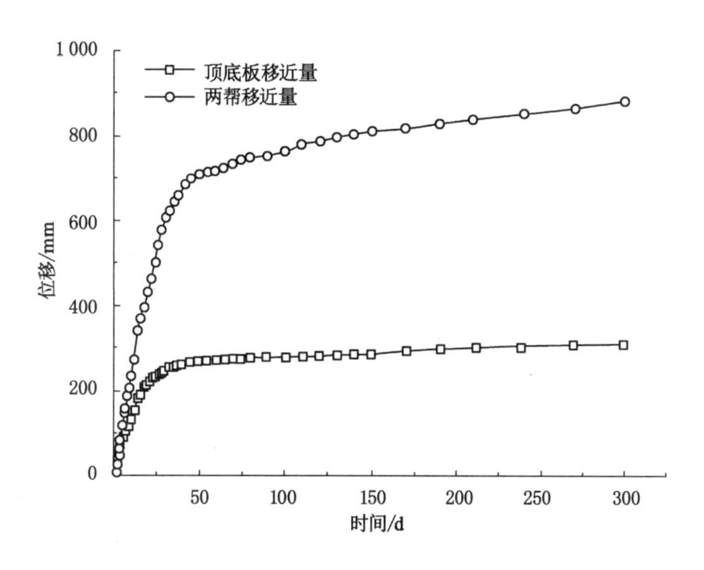

图 2-4　巷道收敛与时间关系曲线

和等速流变阶段。

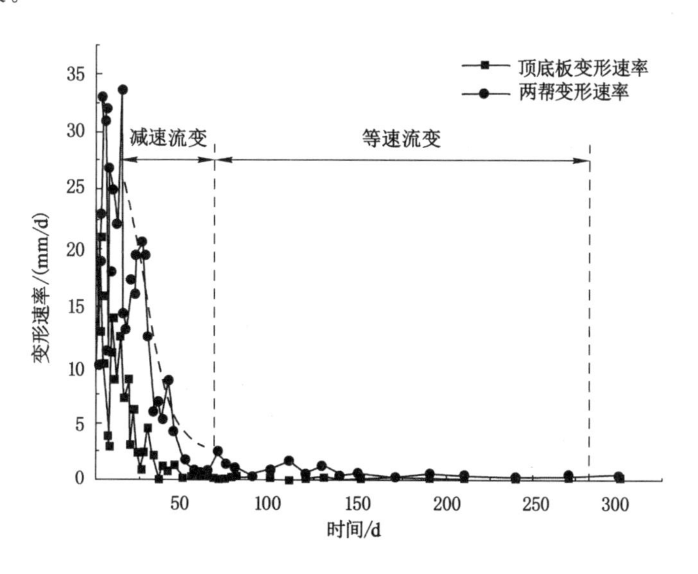

图 2-5　巷道收敛变形速率与时间关系曲线

2.1.4　巷道流变特点分析

综合巷道收敛监测分析结果，结合现场的围岩及支护破坏情况来看，该煤巷具有如下的破坏特征。

(1) 煤体变形速率大，流变时间长，变形量大

根据监测结果，巷道掘进后 7 d 内，围岩变形速率普遍高于 10 mm/d，甚至达 30 mm/d 以上，前 60 d 巷道基本一直处于剧烈变形阶段。流变现象持续存在，顶底板在 60 d 左右变形速率降低明显，而两帮变形速率在 150 d 左右才较小，两者的变形量一直在增加。因两帮内挤严重，影响巷道正常使用，部分巷段帮部需要扩刷。在该种支护条件下，巷道两帮移近

量超过 800 mm，需要多次返修。顶板变形整体处于可控状态，巷道底鼓不明显。

(2) 支护系统普遍遭到破坏

受巷道大变形、长时间流变影响，普通的支护难以承受较大的变形压力，往往在较短的时间内就发生弯折破坏，从而进一步恶化了围岩应力环境，加速了巷道的变形和整体失稳。

虽然该类软煤巷道大变形及支护破坏的影响因素众多，但较低的煤体强度是诱发巷道流变及失稳的主因。该类松软破碎的煤体在本质上决定了其承载能力低下，难以承受巷道开挖后重新分布的应力，且应力在向深部逐渐转移过程中使煤体破坏范围进一步扩大。破坏后的煤体发生较大的塑性流动变形，同时深部的煤体可以在较低应力条件下发生流变变形，更不利的是，巷道的大埋深决定了其高应力赋存状态，因此，巷道周围煤体将长时间处于流变状态。巷道变形持续增大，传统的棚式被动支护或者锚杆主动支护都难以承受如此大的变形载荷，这些支护结构都相继破坏，进一步恶化了围岩应力环境。在流变变形与围岩塑性破坏剪胀变形共同作用下，巷道破坏，难以满足正常使用，不得已而多次返修。

相比而言，因该巷道沿底板掘进，底板泥岩在不受水的影响下强度及完整性较好，虽然也可能发生破坏但其残余强度仍然较高。巷道底板在没有进行特殊的加固如底拱施工等前提下，底鼓并不明显，这也进一步说明了巷道在较好的围岩条件下变形较小，可以保持相对稳定。对比结果阐释了松散煤体较差的物理力学性质是该类巷道大变形破坏的关键影响因素。而煤巷的流变变形特征是上述问题的宏观体现，因此，有必要深入揭示巷道流变机制，进而提出针对性控制方法。

2.2 数值模拟模型建立

2.2.1 $FLAC^{3D}$数值模型

若按照巷道实际埋深，建模工作量将十分巨大，且巷道开挖尺寸(5.6 m×3.8 m)相对巷道埋深(700 m 左右)来讲显得极小，精度难以满足要求，且计算耗时将非常长。因此，建模在充分考虑巷道的实际赋存状态，巷道开挖对围岩的影响，并保证计算时效及精度基础上，为减小边界效应影响，在垂直于巷道轴线方向，即 XOZ 平面上分别取巷道跨度的约 6 倍的作为建模范围(60 m×60 m)，沿着巷道轴线方向即 Y 方向取 100 m，具体模型如图 2-6 所示。模型下底面固定，左右及前后面取滑动边界，模型上顶面施加等效埋深的恒定载荷。

计算步骤简述如下：① 施加初始地应力场，并将位移和速率场清零。② 模型采用一次性开挖方式，采取 U 形棚及喷浆支护。③ 进行流变计算，根据现场的观测期限，分别对不同流变参数方案进行 1 d,3 d,7 d,15 d,30 d,60 d,90 d,120 d,150 d,300 d 的流变计算，并记录巷道随时间增长的流变位移变化情况。

2.2.2 模型参数选取

描述煤体流变的改进型 CVISC 流变模型具有多个黏弹性参数，包括伯格斯模型中的剪切模量参数 G_K，G_M和黏滞系数 N_K，N_M，以及 V-MC 模型中的黏滞系数 N_V，共 5 个流变参数。其中，G_K，G_M，N_K，N_M是描述减速流变阶段及等速流变阶段的参数，可根据现场监测结果、室内流变试验，以及前人的研究成果，确定它们的选取范围。具体取值见表 2-1。

N_V 是处于加速流速阶段才能明显体现的黏滞系数，不同于室内试样流变，现场位移数据不能体现加速流变阶段，这并不是说煤体不存在加速流变阶段，而是部分加速流变与减速

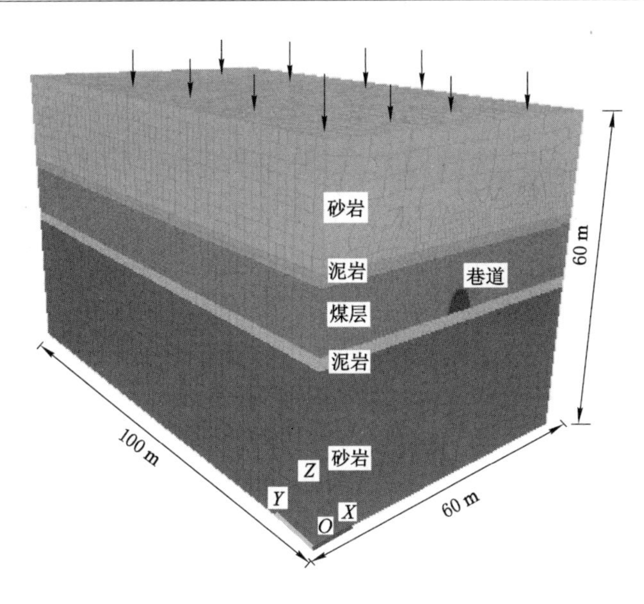

图 2-6　三维数值模型

流变一起显现。因此，前述提出的试样蠕变加速阶段与传统 CVISC 流变模型加速阶段结合计算黏滞参数N_V的方法，难以应用于现场煤体。但是考虑N_V为模拟加速元件的黏滞系数，经过反复试算和模拟推断，当N_V为N_M的 1.5 倍左右时，模拟加速效果较好，巷道煤体的综合变形更贴近实际，更加符合实际监测结果。N_V具体取值如表 2-1 所示。

表 2-1　流变参数

流变参数	G_K/Pa	G_M/Pa	N_K/(Pa・s)	N_M/(Pa・s)	N_V/(Pa・s)
反演结果	2.26×10^{8}	1.32×10^{8}	2.14×10^{18}	1.53×10^{16}	2.28×10^{16}

以上流变参数的选取范围的确定，一方面考虑地质条件的离散性和波动性，另一方面考虑巷道实际监测到的流变位移的波动性，也是根据试算综合考量的结果。

巷道布置于煤层中，顶板及两帮均为易流变的煤体。而基本顶为砂岩，直接底为泥岩，老底为砂岩，这类岩石强度较高，完整性较好，虽然在高应力环境下也会产生流变变形，但相对煤层巷道中煤体的蠕变，该类岩石流变变形较小，且在较低的载荷作用下，泥岩和砂岩难以产生蠕变，存在较高的蠕变阈值。相对而言，根据第 4 章的论证，松散煤体在极小的载荷作用下就可以产生蠕变，蠕变阈值远低于周围岩石。现场的监测结果也显示，底板的泥岩产生的流变变形较小，大部分为泥岩破碎时塑性剪胀变形。所以，在同等应力环境下，巷道围岩中煤体的蠕变是研究重点，暂不考虑较为坚硬的岩石的蠕变，视其具有塑性破坏瞬时变形。因此，需要测定相关岩石的力学强度参数，以便进行数值计算。

实验室尺度的岩石或者岩块的力学强度往往难以直接等价于现场大尺度的围岩强度。这是由于现场赋存的岩体中不仅存在高度复杂的节理裂隙，也受地下水文等地质环境因素影响，而实验室所用的岩石试块往往不包含或者包含极少的明显节理或者不连续面等。因此，宏观上巷道尺度的围岩体现尺度效应。模型中所包含的岩石力学参数如内聚力、内摩擦角等都需要一定程度的"折算"。这种由岩石转换为岩体的方法至今已经建立很多，其中霍克(Hoek)建立的地质强度指标法得到了广泛认可和应用。地质强度指标(GSI)法是现阶段能够直接且唯一服务工程岩体力学参数折减的岩体质量评价方法,其中 GSI 值取决于岩体结构及结构面两个因素,一般按图表法量化 GSI 值,但主观性强。岩体综合指标分级方法(RMR)考虑了影响岩体强度的多方面因素,如岩石单轴抗压强度、RQD、节理间距、地下水文等,是一种具有量化程度高、适应性和应用性较强的岩体质量评价方法,在几十年的应用过程中积累了丰富的实践经验并得到了长足发展。部分学着建立了 RMR 值向 GSI 值转换的关系,如式(2-1)所示。这种方法避免了 GSI 值计算中的主观和目测的缺点,得到了学者们的认可。采用 RMR 值量化评价岩体质量,转换为 GSI 值,然后根据霍克建立的基于 GSI 的岩体力学参数计算公式,得到相应的岩体的变形模量、内聚力、内摩擦角等参数。

$$\mathrm{GSI}=\mathrm{RMR}-5 \tag{2-1}$$

通用霍克-布朗准则如下:

$$\sigma_1=\sigma_3+\sigma_{\mathrm{ci}}\left(m_{\mathrm{b}}\frac{\sigma_3}{\sigma_{\mathrm{ci}}}+s\right)^a \tag{2-2}$$

式中,m_b,s 和 a 为岩体常数,可以由式(2-3)至式(2-5)计算:

$$m_{\mathrm{b}}=m_{\mathrm{i}}\times 10^{\left(\frac{\mathrm{GSI}-100}{28-14D}\right)} \tag{2-3}$$

$$s=10^{\left(\frac{\mathrm{GSI}-100}{9-3D}\right)} \tag{2-4}$$

$$a=\frac{1}{2}+\frac{1}{6}\left(\mathrm{e}^{-\frac{\mathrm{GSI}}{15}}-\mathrm{e}^{-\frac{20}{3}}\right) \tag{2-5}$$

在式(2-2)中,令 σ_3 为零,可以计算得到岩体的单轴抗压强度 σ_{cm};相似地,岩体的抗拉强度 σ_t 可以通过 $\sigma_1=\sigma_3=\sigma_t$ 计算得到。

$$\sigma_{\mathrm{cm}}=\sigma_{\mathrm{ci}}s^a \tag{2-6}$$

$$\sigma_{\mathrm{t}}=\frac{s\sigma_{\mathrm{ci}}}{m_{\mathrm{b}}} \tag{2-7}$$

岩体的变形模量通过以下被广泛应用的经验公式计算:

$$E_{\mathrm{mass}}=E_{\mathrm{i}}\left\{0.02+\frac{1-\frac{D}{2}}{1+\mathrm{e}^{[(60+15D-\mathrm{GSI})/11]}}\right\} \tag{2-8}$$

其中 D——扰动系数,可以假定为零。

岩体等效的内聚力 C 和内摩擦角 φ 可以采用莫尔-库仑准则计算:

$$\varphi=\arcsin\left[\frac{6am_{\mathrm{b}}(s+m_{\mathrm{b}}\sigma_{3\mathrm{n}})^{a-1}}{2(1+a)(2+a)+6am_{\mathrm{b}}(s+m_{\mathrm{b}}\sigma_{3\mathrm{n}})^{a-1}}\right] \tag{2-9}$$

$$C=\frac{\sigma_{\mathrm{ci}}[(1+2a)s+(1-a)m_{\mathrm{b}}\sigma_{3\mathrm{n}}](s+m_{\mathrm{b}}\sigma_{3\mathrm{n}})^{a-1}}{(1+a)(2+a)\sqrt{1+[6am_{\mathrm{b}}(s+m_{\mathrm{b}}\sigma_{3\mathrm{n}})^{a-1}]/[(1+a)(2+a)]}} \tag{2-10}$$

式中,$\sigma_{3n}=\sigma_{3max}/\sigma_{ci}$。

对于深部煤层巷道而言,σ_{3n} 由深度决定,具体计算公式如下:

$$\frac{\sigma_{3\max}}{\sigma_{\mathrm{cm}}}=0.47\left(\frac{\sigma_{\mathrm{cm}}}{\gamma H}\right)^{-0.94} \tag{2-11}$$

式中 γ——岩体的重度;

H——埋藏深度。

通过上述公式,结合现场岩体结构及赋存状态,可计算煤岩力学参数,如表 2-2 所示。

受现场勘查条件限制，仅统计了顶板砂岩和底板泥岩的相关信息，因处于同一地质状态，其余层位的泥岩及砂岩参数可认为与之类似，并未作进一步统计和计算。另外，需要指出的是，由于现场的煤体节理裂隙高度发育，煤体松散破碎，难以统计得到合理的 RMR 值，难以用式(2-1)计算得到相应的煤体弹塑性力学参数。但根据第 3 章实验室所构建的等效松散煤试样，其在强度及微观孔隙结构上与原始赋存状态的煤体存在高度的等效性。因此认为，实验室尺度的等效煤试样虽然尺度较小，但包含原煤的几乎所有相似信息，如孔隙结构、含水状态、原煤颗粒和等价的强度等，可认为等效于现场工程尺度的煤体。这也是将实验室构建的煤试样称为煤体的原因。鉴于以上分析，煤岩力学参数列于表 2-2。这也将作为改进型 CVISC 模型串联的 MC 体中的煤体弹塑性力学参数。

表 2-2　煤岩力学参数

岩性	煤岩力学参数				
	常量 m_i	密度/(kg/m³)	抗压强度 σ_{ci}/ MPa	泊松比 υ	弹性模量 E_i/GPa
砂岩	9	2 690	85.8	0.22	18.6
泥岩	9	2 700	38.5	0.29	3.61
煤	—	1 420	2.5	0.30	0.28

岩性	煤岩力学参数					
	RMR	GSI	内聚力 C/ MPa	内摩擦角 φ/(°)	抗拉强度 σ_t/ MPa	变形模量 E_{mass}/ GPa
砂岩	72	67	3.45	42	0.79	12.5
泥岩	40	35	1.24	27	0.03	0.4
煤	—	—	0.77	24	0.18	0.28

2.2.3　支护参数及监测点布置情况

实践中，巷道开挖后采用 U 形棚支护及锚杆加固锁腿，然后进行喷浆处理。因此，在模拟过程中用 FLAC 中的 Shell 单元模拟 U 形棚及喷浆的复合支护效果，将 U 型钢的等效弹性模量折算到喷射混凝土上，见式(2-12)：

$$E = E_0 + \frac{A_g E_g}{A_c} \tag{2-12}$$

式中　E——折算后混凝土的弹性模量；

E_0——原混凝土的弹性模量；

A_g——U 型钢的横截面积；

E_g——U 型钢的弹性模量；

A_c——混凝土的横截面积。

采用 Cable 单元模拟实际中的锚杆支护，排距为 800 mm，具体支护形式如图 2-7 所示。模型中支护参数如表 2-3 所示。类似现场监测点布置，分别在模型巷道中对节点位移进行长时记录，测站布置在模型的中部沿 Y 方向 50 m 处，主要是为了避免边界效应对巷道变形的影响。具体测站及监测点位置如图 2-7 所示(扫描图中二维码获取彩图，下同)，图中只显示了两个岩层，即煤层和底板泥岩。

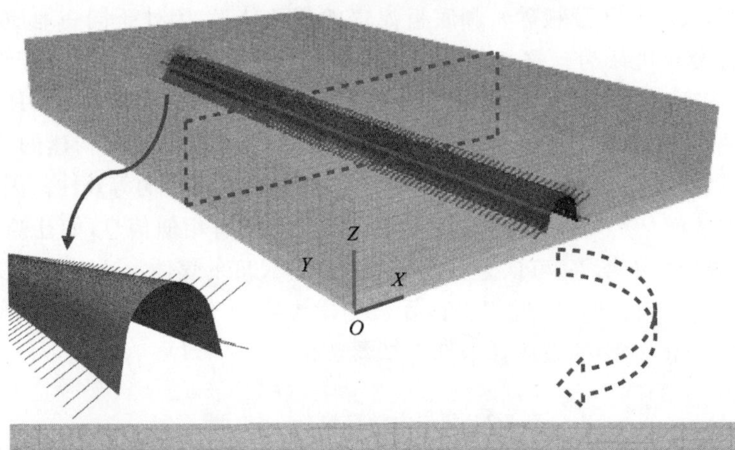

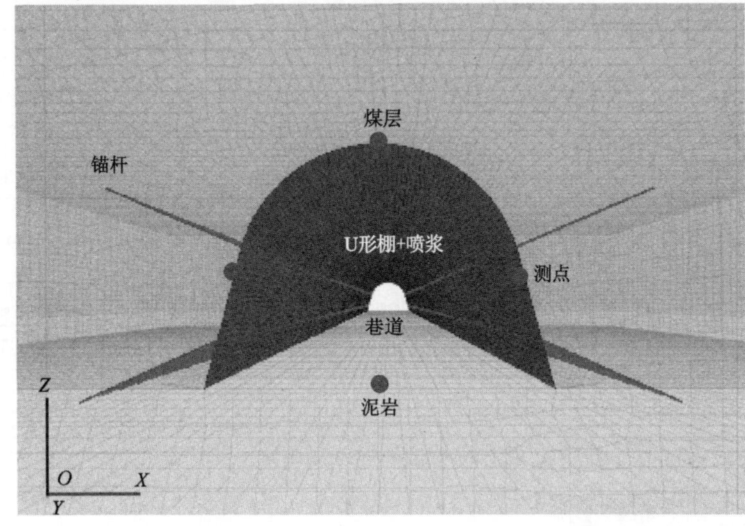

图 2-7　巷道支护及测点布置

表 2-3　模型中支护参数

参数	锚杆	U 形棚	喷射混凝土
弹性模量/GPa	200	200	30
泊松比	0.3	0.25	0.15
直径(厚度)/mm	22	—	100
重度/(kN/m³)	—	—	24
长度/mm	2 400	—	—

2.3　松散煤体巷道失稳演化机制

2.3.1　巷道围岩变形演化规律

取模型中部的 Y 方向切片为研究对象，对巷道围岩变形进行分析。

1）水平位移

巷道在水平方向的位移随时间的变化情况示于云图 2-8（模型中，横向坐标为距巷道底板中心点水平距离，右侧为正值、左侧为负值；纵向坐标为距巷道底板中心点垂直距离，上侧为正值、下侧为负值；下同）。

由图 2-8 可知，巷道在开挖后初始阶段如 1 d 时的变形较小，主要由巷道瞬时变形和巷道表面的塑性破坏变形组成。随着时间的延长，左右两帮变形逐渐增大，主要由煤体的流变变形及塑性流动变形组成。如图 2-8 中的位移等值云图所示，不仅巷道表面变形增大，巷道变形的扩散范围也逐渐增大（如图中箭头所指的扩散范围及方向）。从图 2-8 中可以清晰地看出，由于巷道的帮部内挤，巷道的原有锚杆已经完全脱锚，处于失效状态。巷道帮部的内挤主要集中于巷道的下半部即底角至巷道中部附近。随着时间的延长，巷道收缩现象更为严重。

两帮的位移如图 2-9 所示，并据此得到左右两帮的变形速率。由图 2-9 可知，巷道左右两帮的位移分别达 457 mm 和 463 mm，如此大的变形，巷道必须扩刷修复才能继续使用。

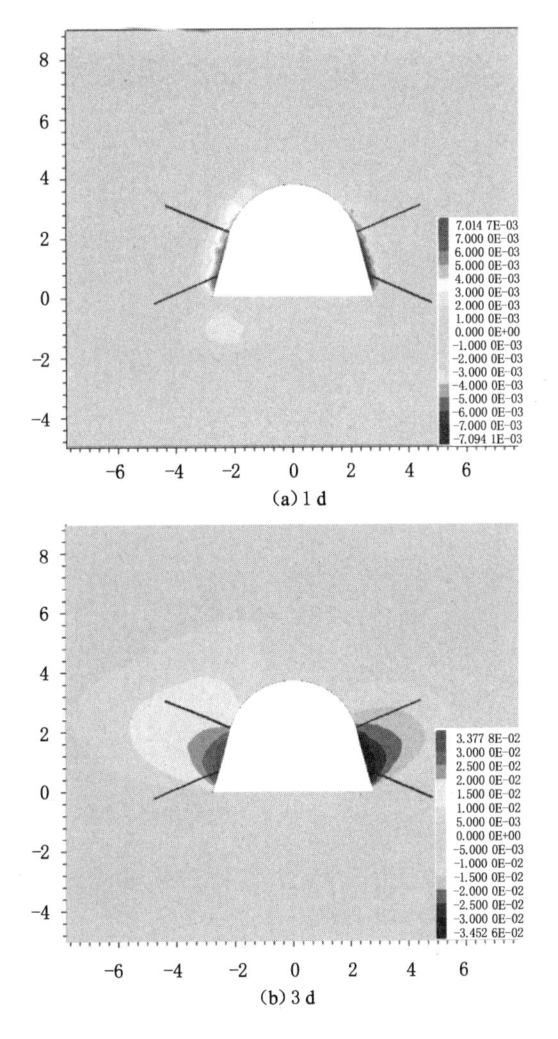

图 2-8　巷道水平位移随时间的变化云图（单位：m）

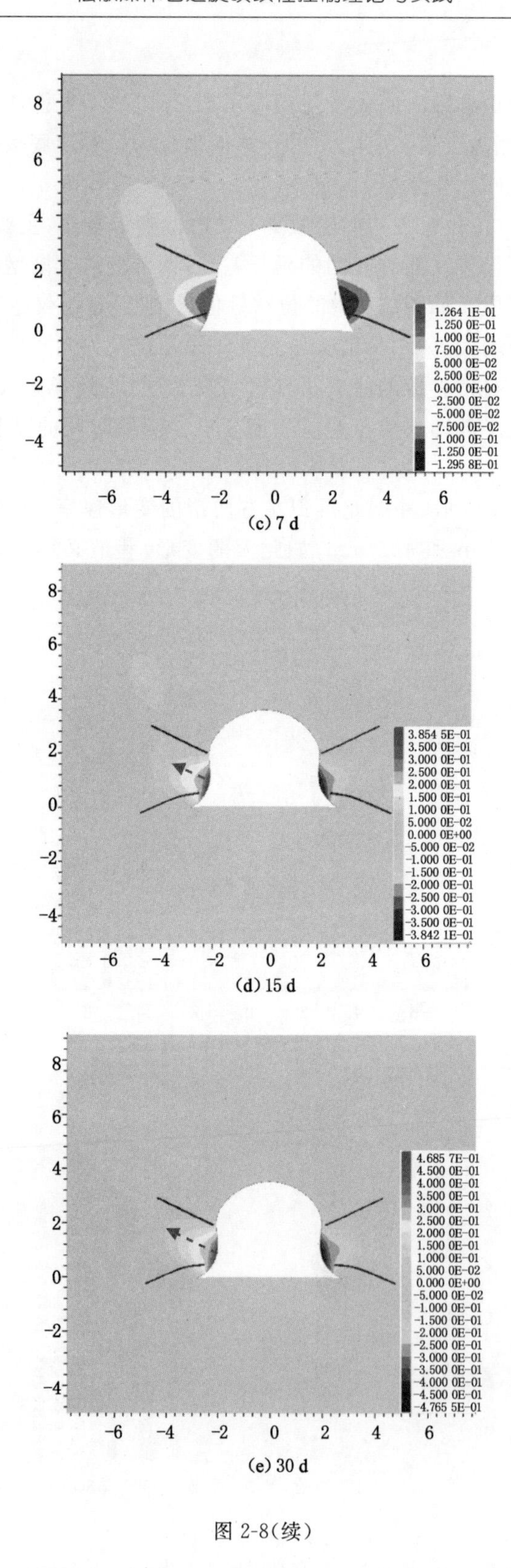

(c) 7 d

(d) 15 d

(e) 30 d

图 2-8(续)

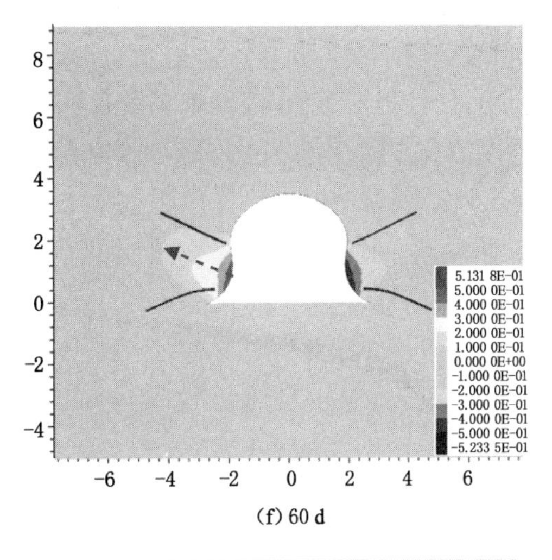

(f) 60 d

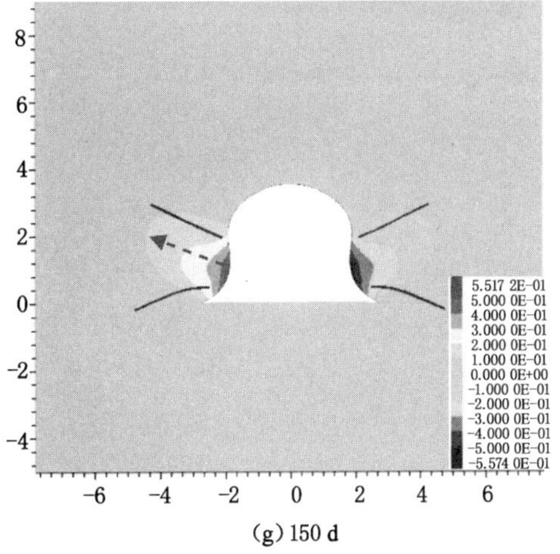

(g) 150 d

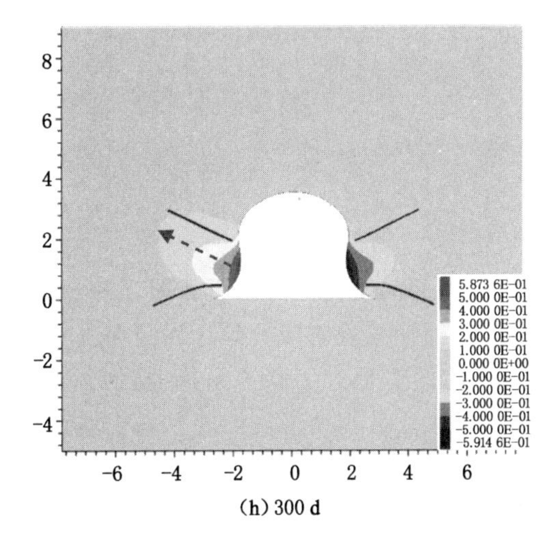

(h) 300 d

图 2-8(续)

根据现场实际，在两帮分别移近 300 mm 左右时就需要采取针对性的措施，当移近 400 mm 时就需要扩刷。现阶段模拟只是为了探讨和显示巷道的变形规律与特征，实际巷道往往在达到大变形前，为不影响使用，已经提前维护，因此现场的位移数据为多次的累积变形。进一步地，两帮的变形速率最大值达 18.5 mm/d，且随着时间的延长，在约 60 d 之后，变形速率逐渐减小至一个定值但不为零，具有两阶段流变特性。

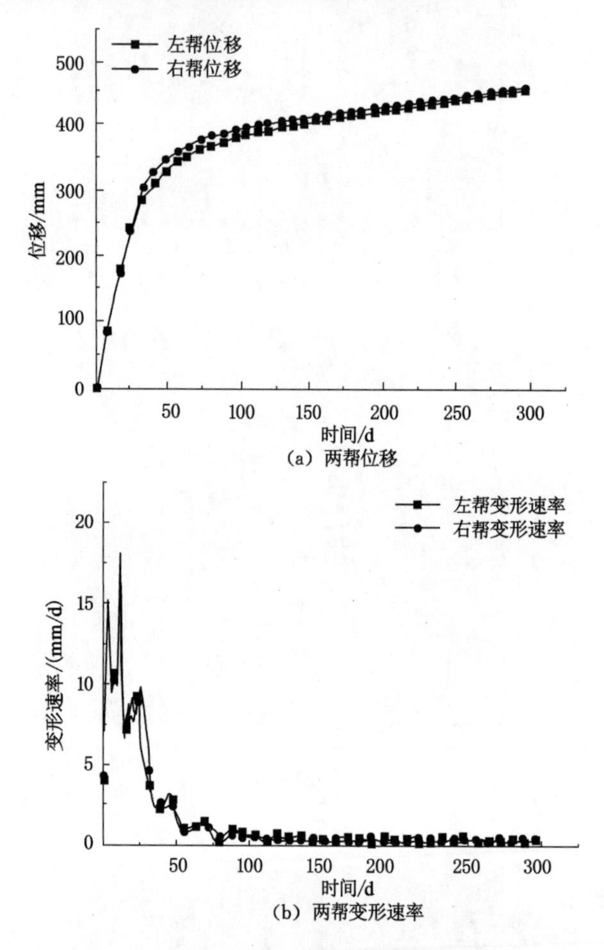

(a) 两帮位移

(b) 两帮变形速率

图 2-9　巷道左右两帮位移及变形速率

2）垂直位移

巷道在垂直方向的位移随时间的变化情况示于云图 2-10。

类似帮部变形，巷道顶板的变形随着时间的延长逐渐增大，且变形的扩散范围也逐渐增大。巷道底板仅在开挖后 1 d 内的变形大于巷道顶板的变形，随后巷道底板变形基本处于稳定阶段，后期巷道顶板变形远大于底板变形。分析认为，这是由于巷道底板为泥岩，符合莫尔-库仑塑性瞬时破坏特点，而巷道顶板是具有强流变性的软煤。随着时间的推移，底板发生塑性破坏后变形不再明显，而煤体不仅具有塑性破坏变形还具有长时流变特性，从而造成了顶底板变形随时间延长的差异。由云图可知（如图 2-10 中椭圆形虚线圈所示），巷道帮部至底角的内挤部分同样具有竖向位移，与横向内挤位移组成合位移，方向倾斜向下，且有加速运动趋势，这对巷道的稳定极为不利，须及时扩刷消除。

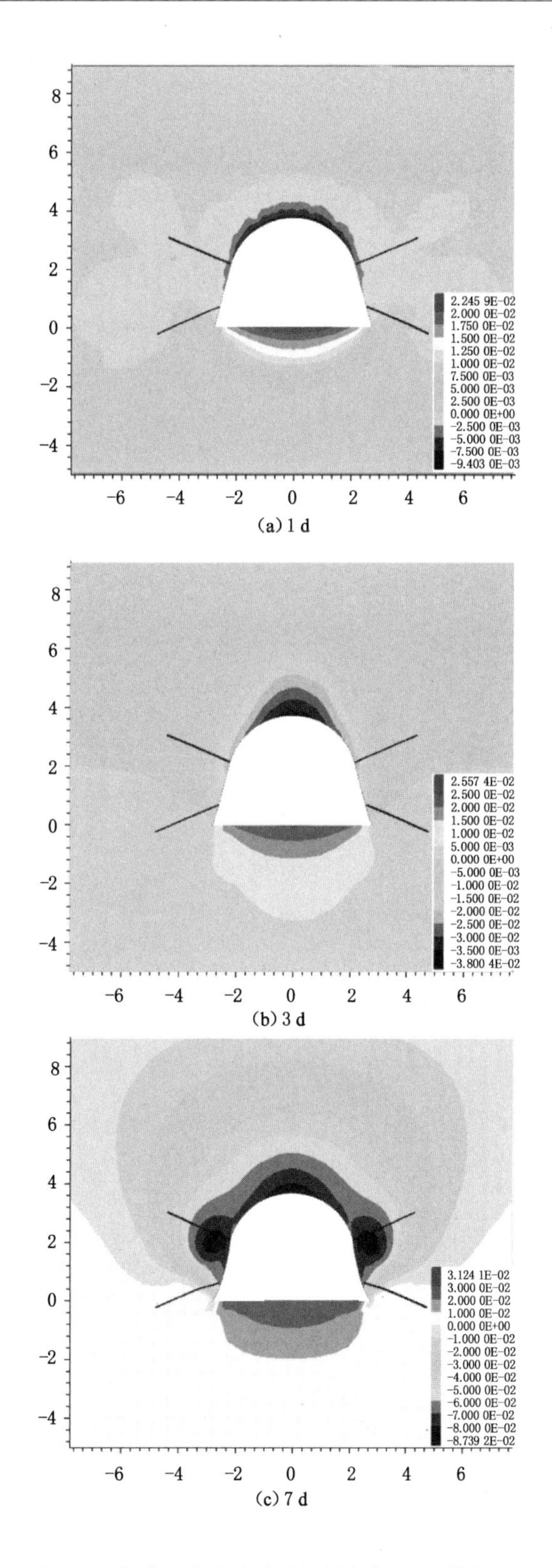

图 2-10　巷道垂直位移随时间的变化云图(单位:m)

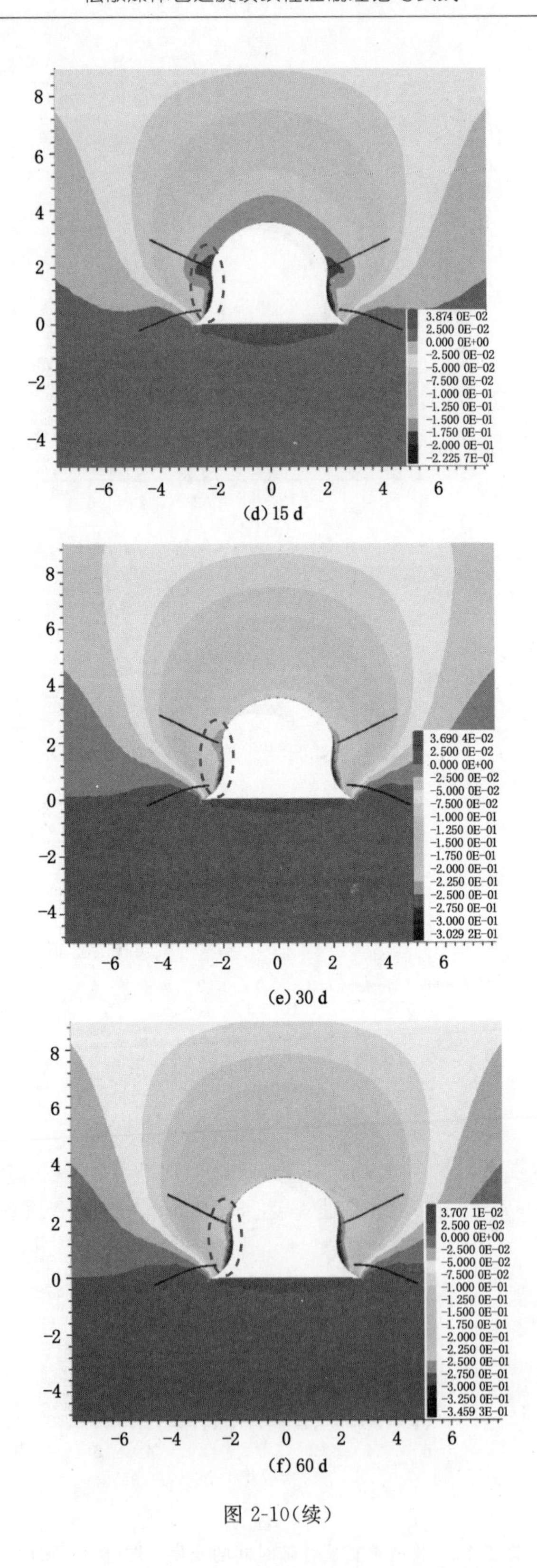

(d) 15 d

(e) 30 d

(f) 60 d

图 2-10(续)

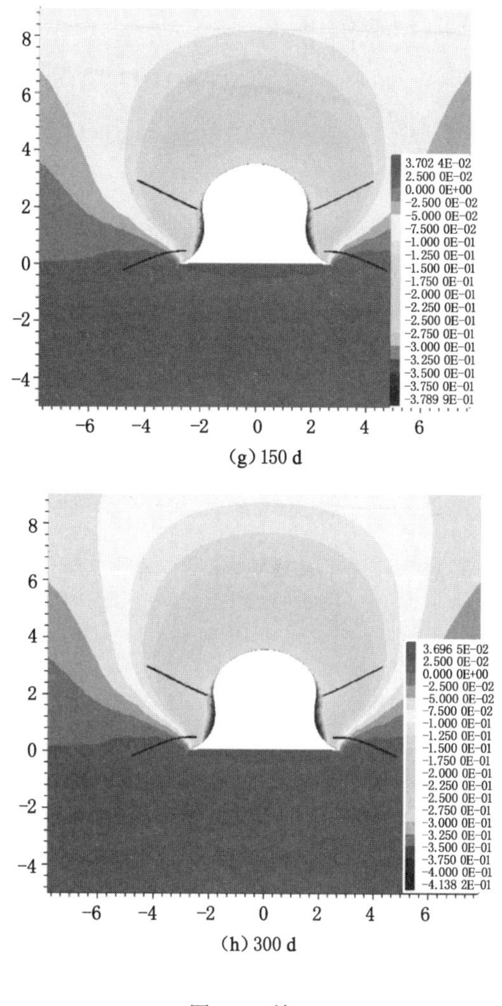

(g) 150 d

(h) 300 d

图 2-10(续)

进一步地，将顶底板位移及变形速率随时间的变化情况示于图 2-11 中，巷道底板的最大位移仅为 30 mm，而顶板的最大位移达 260 mm，远大于底板位移。图 2-11 中对比显示出顶板的流变变形性质，且具有明显的两阶段特性，即减速和等速流变阶段。而由底板变形速率图可知，底板在前期(1 d)最大变形速率达 42.5 mm/d，大于顶板的变形速率最大值 20 mm/d。随着时间的延长，底板变形速率瞬间降低至零，这表明底板塑性破坏后，后期基本没有变形的增加。而相对地，顶板变形速率经历了较为缓慢的降低阶段再至一个恒定值且该值大于零，这说明巷道顶板一直存在流变变形。

综上所述，结合水平和垂直位移云图及相关位移和变形速率监测曲线得出，巷道在掘出后的前 60 d 左右流变现象突出，随后进入缓慢流变阶段，受流变影响，巷道总变形量极大。这直观地显示该种支护方式对于具有强流变性质的围岩变形控制效果不佳。流变导致的巷道大变形与巷道围岩的应力状态息息相关，因此下节将对围岩的应力演化规律进行分析。

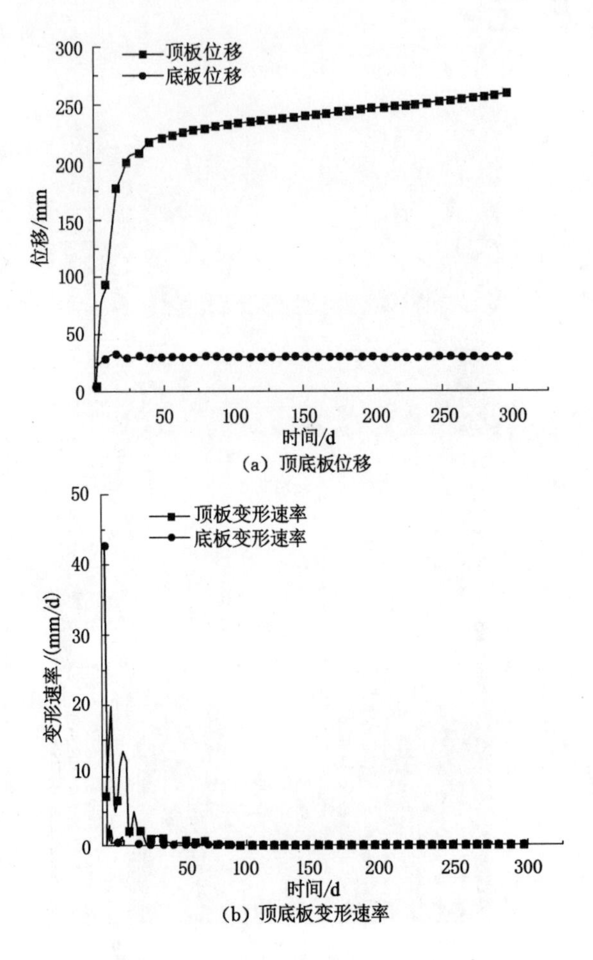

图 2-11 巷道顶底板位移及变形速率

2.3.2 巷道围岩应力分布变化特征

1）最大主应力

将巷道围岩的最大主应力随时间的变化情况示于云图 2-12。虽然围岩在垂直方向上的应力与最大主应力较为接近，但考虑巷道开挖后围岩受应力重新分布影响，主应力会发生偏转，而不是初始平衡后的垂直状态，因此采用最大主应力来评价巷道开挖后的围岩应力状态更为科学准确。

由图 2-12 可知，巷道在开挖后存在较大卸压区，相对水平原岩应力(约 19 MPa)，在开挖 1 d 后，巷道表面附近的应力远低于此，即卸压区。其中，底板由于没有支护，卸压区范围较大，而随着时间的延长，处于底板的卸压区范围变化不大，这主要是由于底板在巷道开挖后初始阶段已经破坏较为完全，应力完全释放。注意到，此时巷道的两侧底角附近有较大的应力集中区域[如图 2-12(a)和图 2-12(b)中的椭圆形虚线圈所示]，这是巷道 U 形棚刚性支护对周围应力的承接并转移作用形成的。但随着时间的延长及巷道帮部变形的增大，该区域不仅在应力数值上逐渐减小，在范围上也逐渐减小甚至消失，取而代之的是较大范围的底角卸压区。通常情况下，随着时间的推移，顶板及两帮的卸压区逐渐增大，与此同时在巷道两帮深部逐渐形成应力较大的应力集中区[如图 2-12 中的椭圆

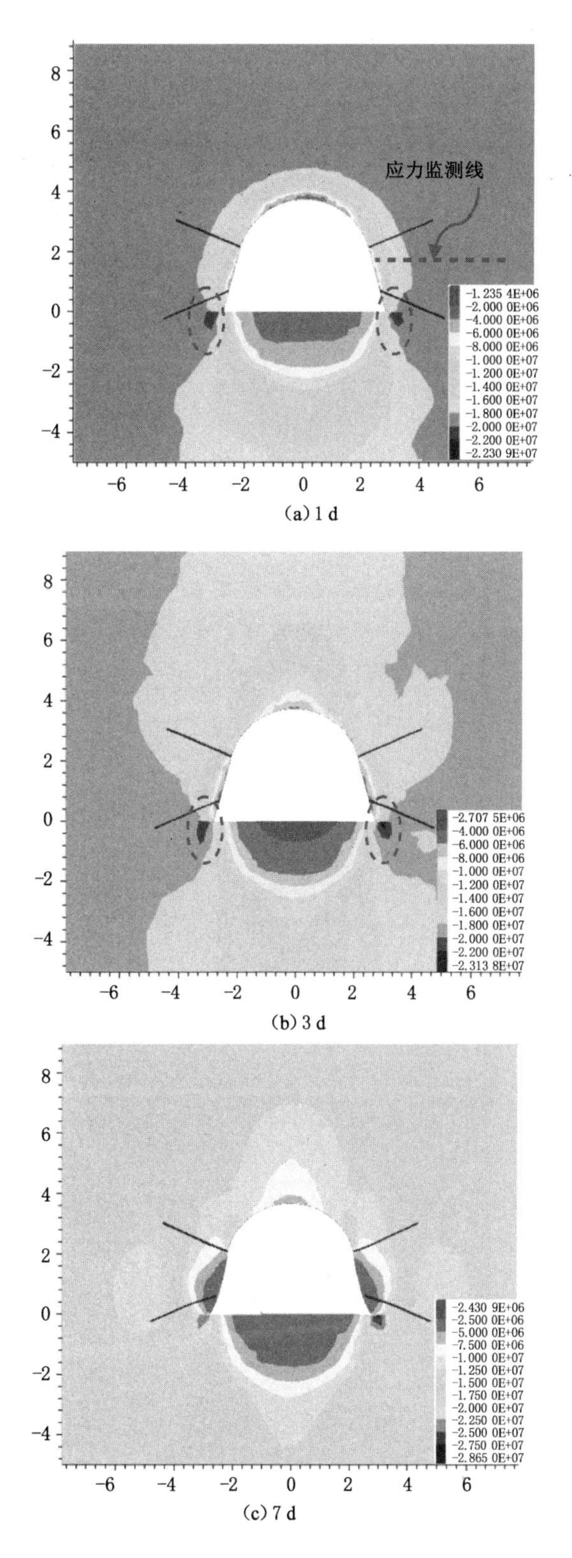

(a) 1 d

(b) 3 d

(c) 7 d

图 2-12　巷道围岩最大主应力随时间的变化云图(单位:Pa)

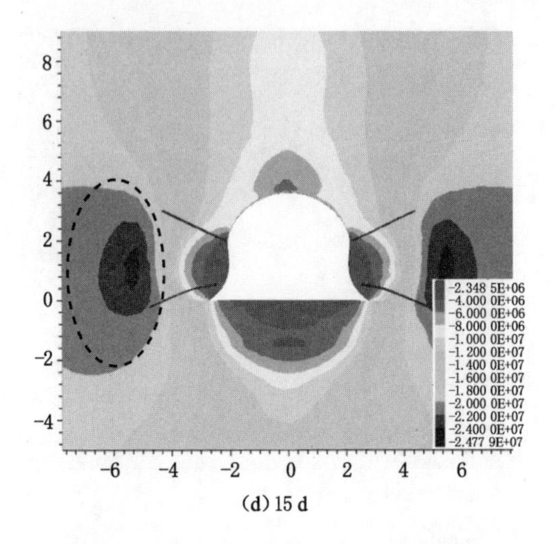

(d) 15 d

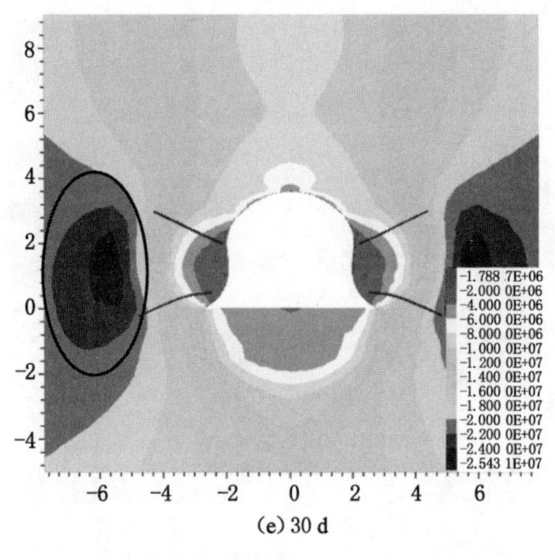

(e) 30 d

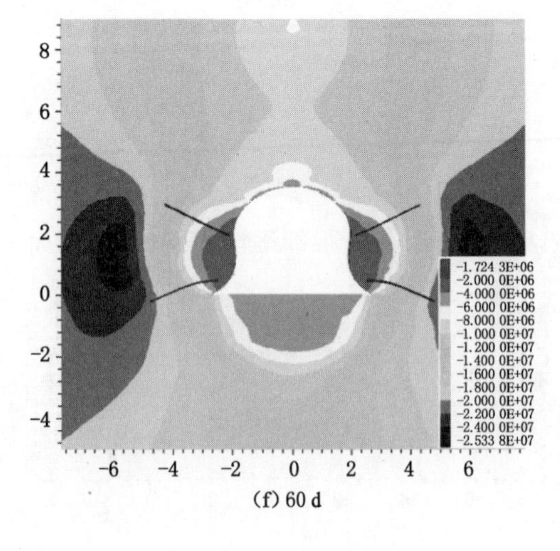

(f) 60 d

图 2-12(续)

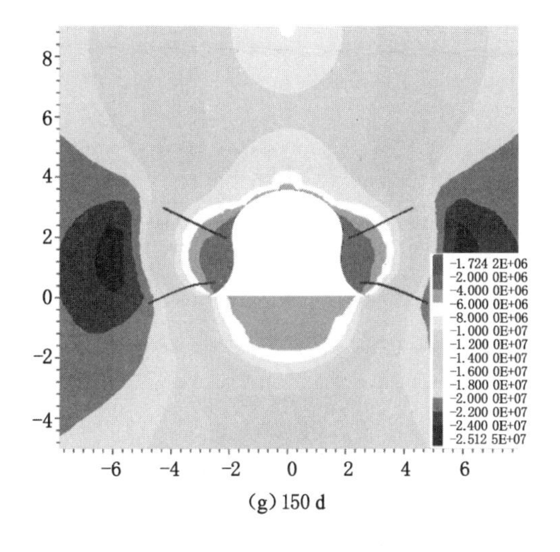

(g) 150 d

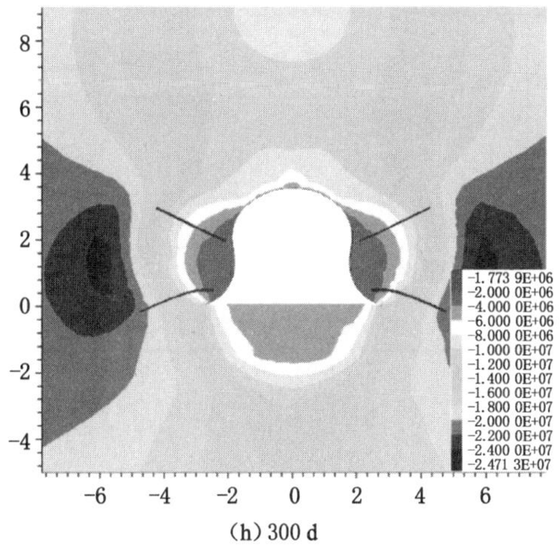

(h) 300 d

图 2-12(续)

形实线圈所示],且该区域应力集中程度及范围随着时间的延长而逐渐变化。进一步地,在巷帮中部布置一条横向的应力监测线,得到帮部最大主应力随时间延长的变化规律,显示于图 2-13。

如图 2-13 所示,随着时间的延长,受帮部逐渐内挤影响,表面监测点的位置逐渐向横向坐标轴原点靠近,同时应力降低明显(如图中的绿色实线箭头所示)。随着时间的延长,巷道的峰值应力逐渐增大,且向深部逐渐转移(如图中的蓝色虚线箭头所示)。巷道在开挖 3 d 内,并没有发生明显的应力集中现象,仅在表面附近形成应力释放区,在较浅的区域(近表面)就达到了原岩应力状态,这间接说明此时流变特征显现不明显。随后,巷道流变特性显现明显。将峰值应力与原岩应力比值定义为应力集中系数,如表 2-4 所示。由表 2-4 可知,3 d 内并无明显的应力集中,随后煤体的最大主应力才逐渐增高,60 d 后,煤体内峰值应力处在距巷道表面 4.0 m 位置,峰值应力为原岩应力的 1.36 倍。如图 2-13 中的黑色箭头显示,巷道深部的应力总体上随着时间的延长逐渐升高,而前 7 d 内的流变对巷道深部应力状态影响极小,可认为仍为原岩应力状态,后期的深部煤体内

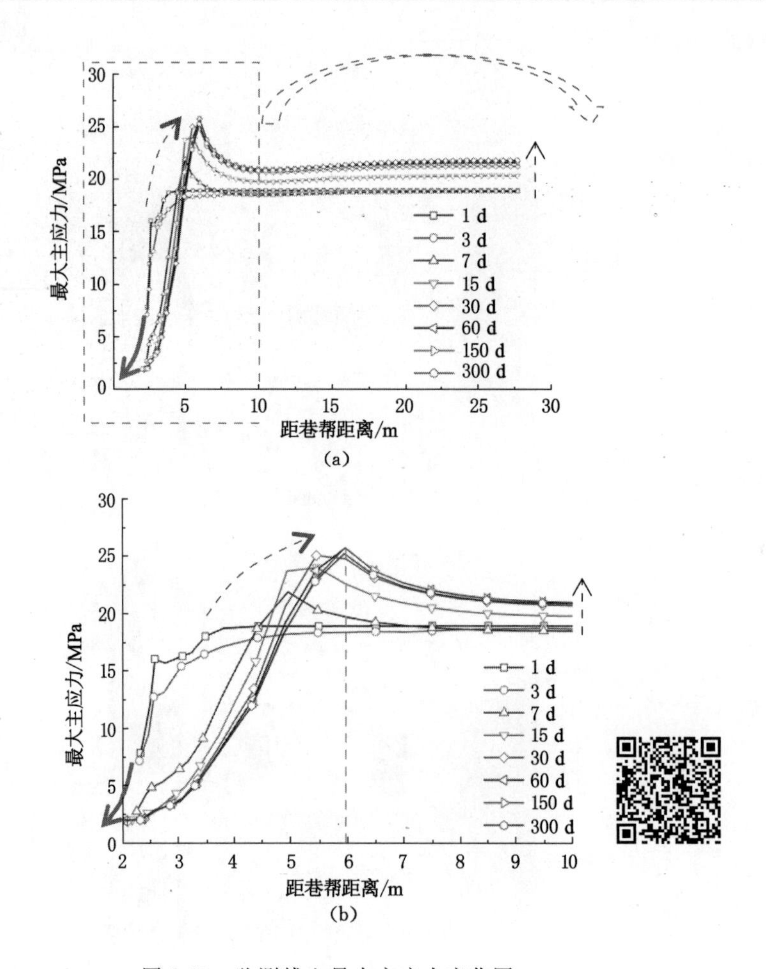

图 2-13 监测线上最大主应力变化图

应力的时间效应才逐渐显现。

表 2-4 最大主应力应力集中系数

时间/d	1	3	7	15	30	60	150	300
峰值应力处距巷道表面距离/m	2.3	3.0	3.1	3.3	3.6	4.0	4.0	4.0
应力集中系数	1.00	1.00	1.16	1.27	1.33	1.36	1.36	1.34

2) 最小主应力

将巷道围岩的最小主应力随时间的变化情况示于云图 2-14。由图 2-14 可知,与最大主应力分布类似,开挖初期,巷道周围也存在明显的最小主应力降低区。根据前期即 1 d 内的巷道围岩最小主应力云图,巷道底板存在明显的拉应力区(拉正压负),随着时间的延长,该拉应力区范围有微小的增大,但是不明显。这主要由于当拉应力积聚时,受岩石抗压不抗拉特性影响,底板破坏迅速,但是破坏范围有限,拉应力区的进一步发育受到限制。但随着时间的延长,底板的应力降低区范围不断增长扩大。同时注意到,巷道开挖初期在两侧底角附近同样存在较大的应力集中区域[如图 2-14(b)和图 2-14(c)中的椭圆

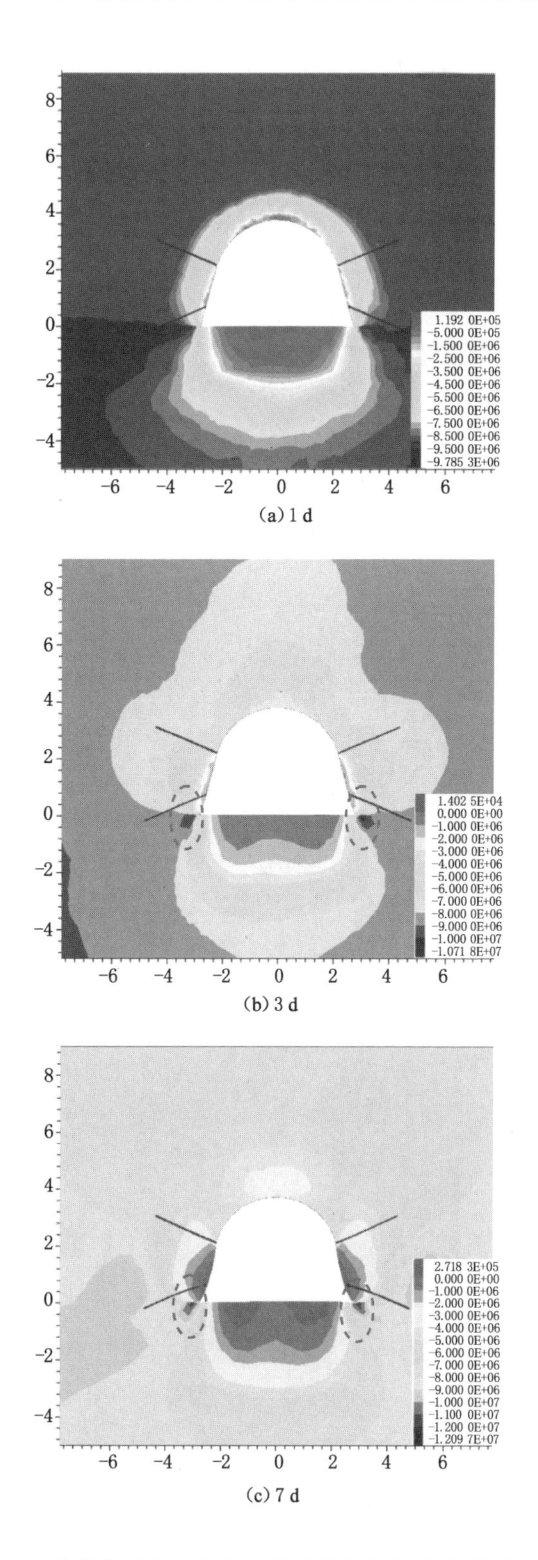

(a) 1 d

(b) 3 d

(c) 7 d

图 2-14　巷道围岩最小主应力随时间的变化云图(单位:Pa)

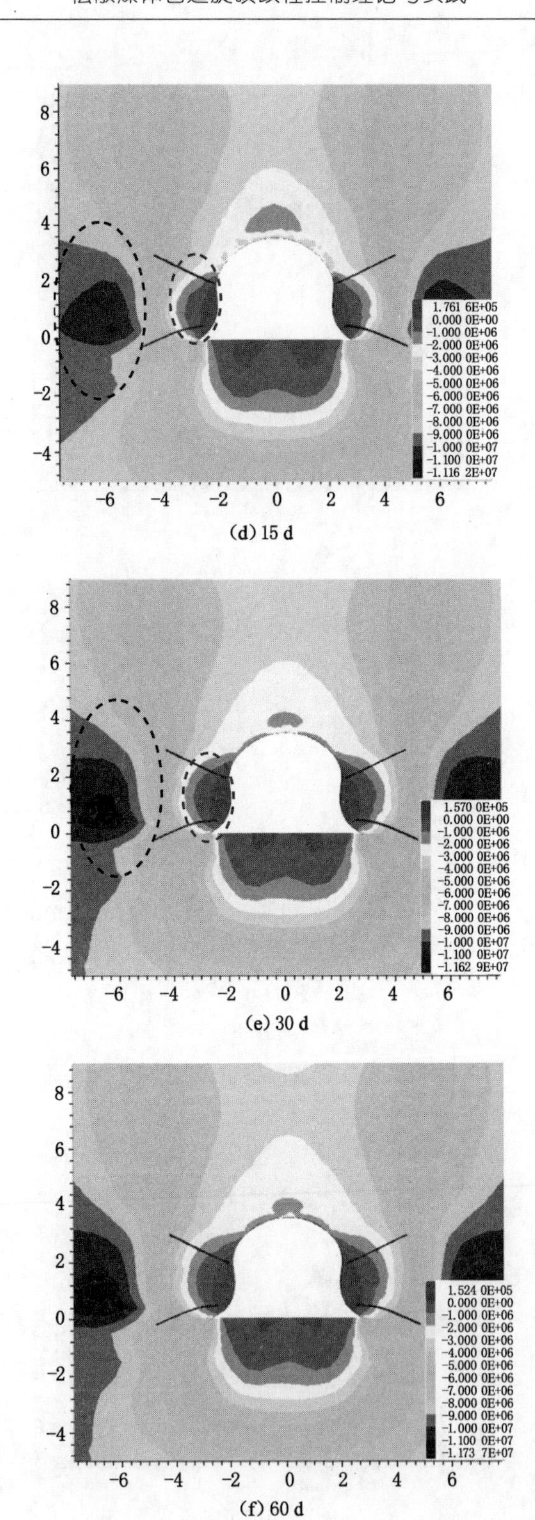

(d) 15 d

(e) 30 d

(f) 60 d

图 2-14(续)

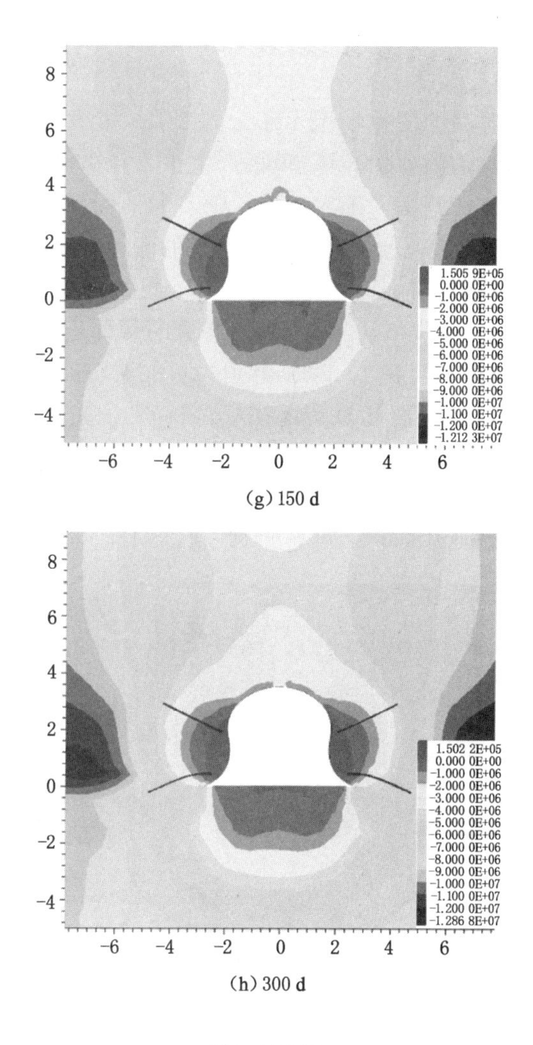

(g) 150 d

(h) 300 d

图 2-14(续)

形虚线圈所示],产生原因也是受支护影响,演化规律与最大主应力在底角变化规律类似。与之类似的是巷道顶板的拉应力区分布演化特征,但受到支护作用,开挖后巷道顶板存在较小范围的拉应力区,且随着时间的延长该区域增长并不明显,而应力释放区范围逐渐扩大。与底板拉应力的显现特征不相同的是巷道两帮拉应力区演化情况,具体如下:随着时间的推移,巷道两帮的拉应力区不断增大[如图 2-14(d)和图 2-14(e)中的小椭圆形虚线圈所示],导致一部分煤体受拉而破坏,一部分煤体虽然没有破坏但是存在较大的破坏风险。具体地,巷道开挖后前 3 d 拉应力区增大不明显,随后拉应力区范围逐渐增大;与此同时,两帮的卸压区范围逐渐扩大,并在深部形成了最小主应力集中区[如图 2-14(d)和图 2-14(e)中的大椭圆形虚线圈所示]。

综上所述,根据巷道围岩的最大最小主应力云图及相关曲线,巷道围岩应力的演化过程存在明显的时间效应,一般随着时间的推移,巷道围岩应力状态逐渐恶化,具体体现在最大主应力向深部转移,巷道表面拉应力区范围变大。巷道围岩应力状态在前 60 d 左右处于急速调整阶段,后期调整趋势逐渐趋缓。该种支护方式对于具有强流变性质围岩的应力控制及优化是失效的。

2.3.3 巷道围岩塑性区演化规律

将巷道围岩塑性区随时间的变化情况示于云图 2-15。由图 2-15 可知，开挖初期(1 d)巷道顶板及两帮产生较为均匀的剪切破坏，顶板产生少量拉破坏，而底板大部分拉破坏，且底板拉破坏范围占底板总破坏范围的绝大部分。随着时间的延长，顶板及两帮剪切破坏发育，且帮部的破坏速率大于顶板，受此影响巷道底板的塑性区面积也在增大。在大约 7 d时，帮部的塑性区扩展范围基本与加固锚杆长度一致，这说明此时巷道的锚杆支护已经接近失效，不能限制塑性区的进一步发展。与此同时，巷道的帮部出现了拉破坏，在接下来的时间内，该拉破坏区范围逐渐扩大。在 15 d 时，巷道顶板的剪切破坏范围增加速率高于两帮，且此时的帮部塑性区范围已经完全超过帮部锚杆，锚杆支护完全失去作用。约 60 d 时，巷道顶板及两帮的塑性区发育趋于稳定，随后塑性区变化不是非常明显，个别区域趋于进入塑性状态，主要受巷道的长期流变效应影响。巷道围岩塑性区最大扩展深度如表 2-5 和图 2-16 所示。由表 2-5 和图 2-16 可知，巷道呈现“帮部塑性区最大扩展深度>底板塑性区

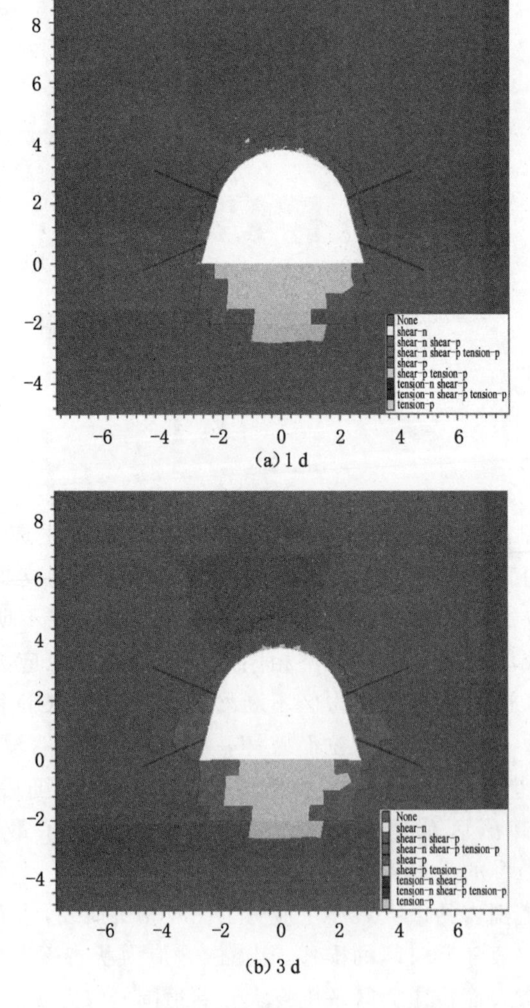

(a) 1 d

(b) 3 d

图 2-15　巷道围岩塑性区随时间的变化云图

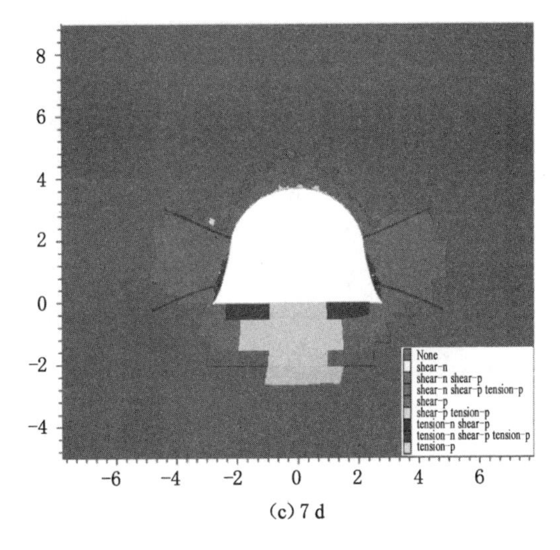

(c) 7 d

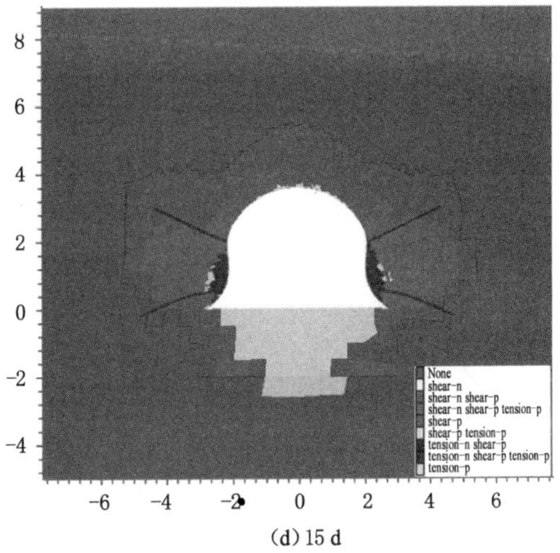

(d) 15 d

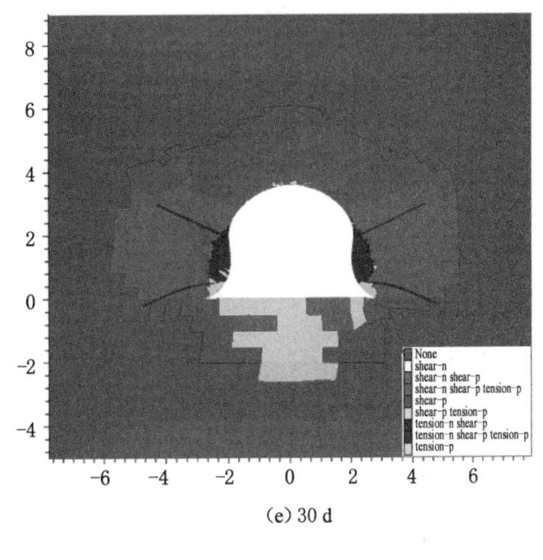

(e) 30 d

图 2-15(续)

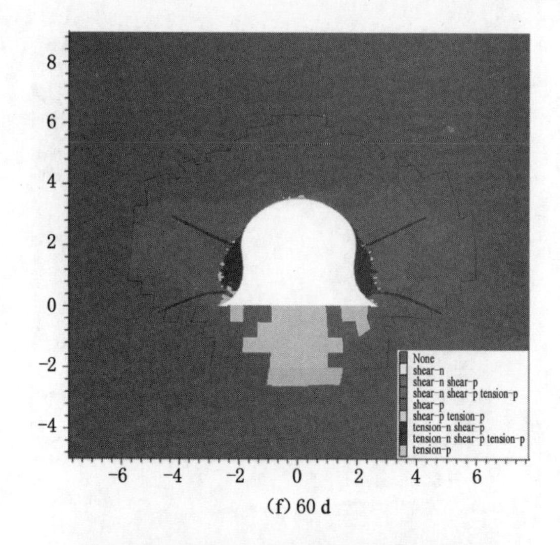

(f) 60 d

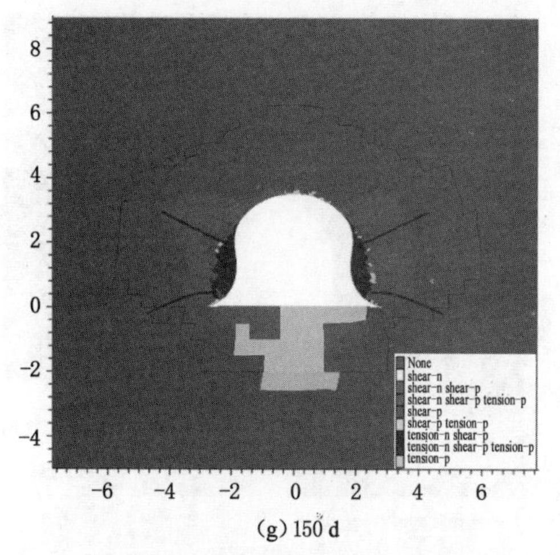

(g) 150 d

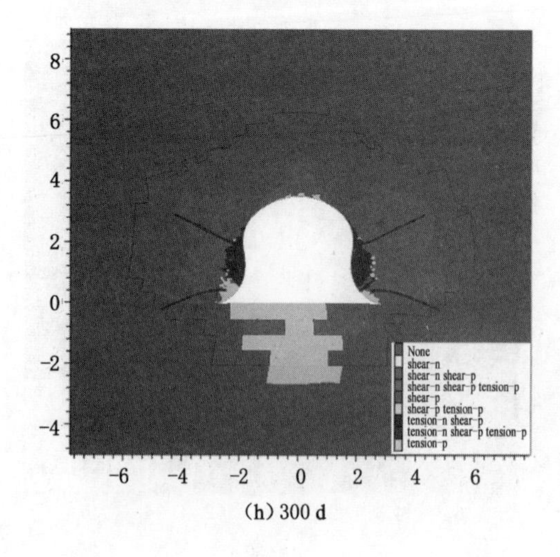

(h) 300 d

图 2-15(续)

最大扩展深度＞顶板塑性区最大扩展深度”的特点，整体上帮部塑性区扩展速率大于顶板和底板的。

表 2-5 巷道围岩塑性区最大扩展深度

时间/d	1	3	7	15	30	60	150	300
顶板塑性区最大扩展深度/m	0.4	1.2	1.2	1.8	2.4	2.5	2.5	2.5
底板塑性区最大扩展深度/m	2.8	2.8	2.8	2.8	2.8	2.8	2.8	2.8
帮部塑性区最大扩展深度/m	0.4	1.2	2.6	3.2	3.4	3.6	3.6	3.6

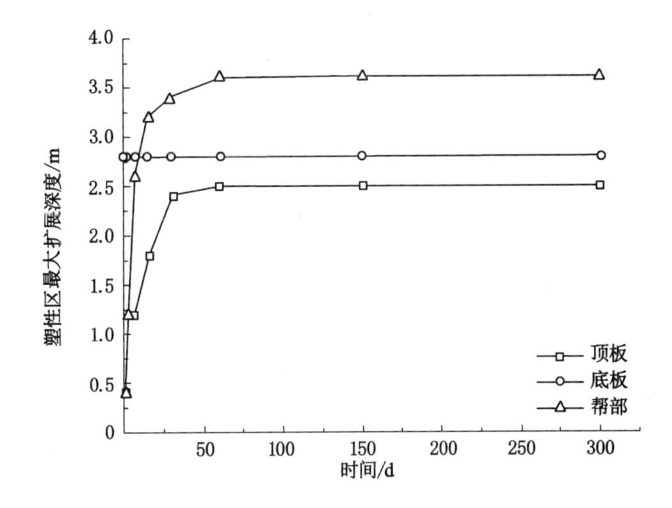

图 2-16 巷道围岩塑性区最大扩展深度随时间的变化关系

3 松散煤体构建与流变特性研究

为揭示松散煤体巷道围岩流变特性，所选取的研究载体很关键。现阶段对于易于取得试验样品的煤岩蠕变试验已经开展很多，取得了富有成效的研究成果。而对松散煤体介质，因其往往呈现破碎、松散状，取样极其困难，更是难以加工成型，研究载体缺乏，试验研究往往陷入困境，国内外开展此类特殊软岩的流变试验至今仍不是很多。因此，有必要针对此类松散煤体构建等效的实验室尺度的试样。室内煤体的流变试验是掌握煤体流变力学特性的主要方法，室内试验具有试验条件方便控制、试验可重复、试验结果易于监测、参考价值大、成本低等优点，得到广泛应用。因此，开展实验室尺度下的松散煤体蠕变研究，在保持不同应力状态下，分析其变形特征随时间变化状况，可以反映该类煤体的蠕变规律。同时，试验结果可以作为现场煤体流变特性的参照。

3.1 典型松散煤层实际赋存状态

选取涡北矿 8204 工作面机巷松散煤层(8 煤)为研究对象，该煤层内生裂隙发育，强度极低，从现场掘进工作面的煤形态来看，多呈散体碎粒状。仅存在的部分块体煤，稍加用力徒手可以捏碎或轻碰即碎成粒状，见图 3-1，属于极松散煤层。

现场掘进时所遇的破碎煤体见图 3-2，由于掘进散煤冒落严重，不得不在棚顶使用幕帘兜住掉落的煤体。这种现象在该矿井的 8 煤条件下不同工作面掘进或回采时，也都有类似的反馈。

(a)

图 3-1 徒手可捏碎的松散煤块体

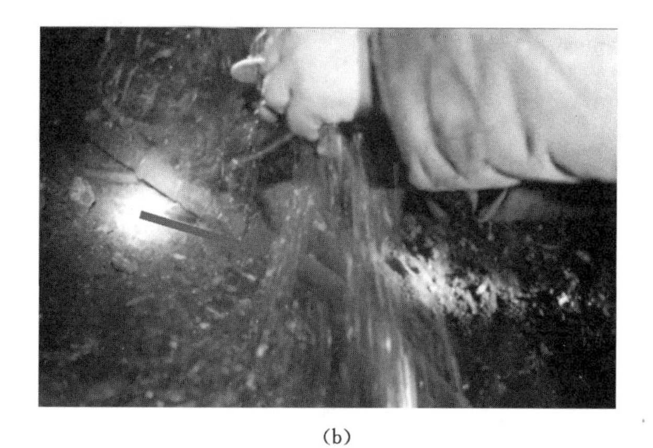

(b)

图 3-1(续)

(a) 掘进现场

(b) 掘进工作面松散垮冒

图 3-2 松散煤体掘进情况

(c) 冒落的碎粒煤

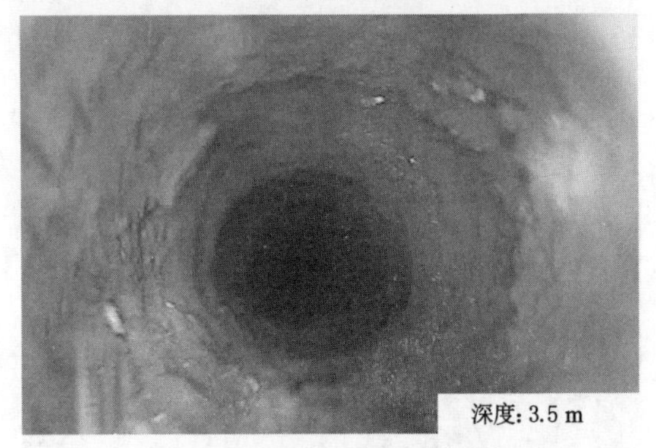

(d) 钻孔窥视煤体内部裂隙发育情况

图 3-2(续)

3.2 成型煤体等效于现场松散煤体的方法

3.2.1 煤岩坚固性与强度关系分析

根据松散煤层的赋存状态，现场很难取得完整的块煤试样，为量化评价强度特征，现在普遍采用由苏联科学家普罗托齐雅可诺夫提出的普氏系数法(坚固性系数法)。作为一种岩石工程分类标准，它反映岩石在各种外力作用下破坏的难易程度相似或趋于一致的基本特性，以"坚固性系数"作为分类指标。

虽然围岩的强度区别于围岩坚固性，但其强度必定与岩石的变形破坏方式如单轴压缩破坏、剪切破坏等紧密联系，而坚固性体现的是在这几种变形形式的共同作用下的抵抗破坏能力。因岩石的单轴抗压能力最强，所以建立起坚固性系数与单轴抗压强度之间的量化关系，其值可用岩石的单轴抗压强度(MPa)除以 10(MPa)求出，所以坚固性系数 f 值为无量纲的值，相关文献认为在岩石单轴抗压强度较低时，该公式是合理的，即

$$f = \frac{\sigma_c}{10} \tag{3-1}$$

式中 σ_c——岩石单轴抗压强度，MPa；

10——致密黏土的单轴抗压强度，10 MPa。

普氏系数法分类简单，试验操作易行，在很大程度上可以反映岩石的客观性质。受围岩的应力状态变化影响，该方法也存在局限性。但综合来看，普氏系数法是一种描述试样坚固性与强度特性的公认的有效方法。

因此可按照该方法，参照文献[92]提出的工艺流程，对该矿的松散煤层进行坚固性系数测试并分类，反算出相应的完整煤体试样单轴抗压强度。

3.2.2　松散煤体坚固性测定结果

经测试，8 煤 3 次坚固性系数 f 值实测结果如表 3-1 所示，均值为 0.248。即反算单轴抗压强度近似为 2.5 MPa。对应岩石坚固性分类属Ⅹ，对应结构煤分类属于糜棱煤。分析该低强度煤层认为，8 煤成煤后，经历数次地质构造运动，在煤层受挤压或者剪切应力作用而变形过程中，煤体原来完整的结构遭到一次次破坏，在原生的节理、割理作用下，煤体内裂隙进一步发育甚至碎裂成块或粉。在地应力作用下，相互挤压而形成较为松散的集合体。在巷道或者硐室开挖后，煤体原有的应力平衡状态被打破，周边煤体由三向应力状态转为二向应力状态，应力开始重新分布，局部产生应力集中；当煤体的载荷承受能力超过其极限抗压或抗拉强度时，煤体产生破坏，随着应力逐渐向深部转移，破坏范围逐渐加大直至再次处于平衡状态，此时，处于破裂区的煤体在其原生结构已经完全破坏条件下，强度进一步降低。

表 3-1　原煤坚固性系数 f 值实测结果

次数	第一次	第二次	第三次	均值
坚固性系数 f 值	0.267	0.253	0.225	0.248

3.2.3　煤体孔隙结构与强度之间关系

对现场原煤真密度进行测定，真密度测试结果为 1.63 g/cm^3。计算得出所取松散原煤体孔隙率为 9.8%。煤的多孔隙裂隙结构影响着基质即固体骨架的完整性与稳定性，宏观上也就影响了作为承载结构的煤体的力学强度。当松散煤体受压时，随着变形的产生其强度也发生变化，宏观变形是由煤体内部的孔隙裂隙发育变化产生的，强度不仅与孔隙裂隙间的发展、传播、贯通存在着相关性，而且往往由初始孔隙特征和状态决定了最终承载能力。一般地，试样原有孔隙裂隙越发育，孔隙率越高，抗压强度越小。另外，空隙结构受外界压力影响较大，在地下煤层中主要受地应力影响，煤体处于三向受压的约束状态，随着深度的增加煤体趋于密实，实测显示，孔隙率一般随深度增加逐渐减小。这种特性类似于砂土、松散岩块等的侧限压缩特性。同时，作为松散煤体力学强度评价指标的坚固性系数与孔隙率之间同样存在相关性。综上分析，松散煤体的孔隙率决定煤体的强度，而外界压力影响着煤体的孔隙率。据此可在实验室建立不同外压控制下的预设孔隙率煤体，进而根据该特定孔隙率煤体试验而得到其强度同时反映其坚固性系数。

从另一个角度看，可认为自然煤体中这些大量的孔隙和小裂隙是尺寸不同的较小破碎煤粒混合压密而成的，因此受压程度能反映松散煤样的孔隙率状态，随着压力的增大，大颗粒碎裂成小颗粒，而小颗粒又聚集挤压在一起，重新排列组合形成新的造粒集合体。因此，在室内侧限压缩所测得煤体表观密度可以很好地体现实验室所测的煤样视密度，进而得到近似孔隙率，对于这一点可从松散土力学中得到类似结论（一般认为原状松散土孔隙率等于室内按有效自重应力下压缩试验得到的孔隙率)。

综合以上分析与测定,以煤岩坚固性系数为纽带,可以在实验室建立成型煤体试样的强度和孔隙率等效反映实际松散破碎煤体强度和孔隙率的方法。

3.3 原煤筛分与含水率测定

3.3.1 室内散煤粒径级配确定

与一般完整块状煤体不同,所试验原煤松散破裂大部分呈碎粒和糜棱状,可以参照土的组成及分类方法,先将煤颗粒粒径划分不同粒组,然后分析不同尺寸的煤颗粒所占百分比,最终绘制散煤的粒径级配曲线。由于固体煤颗粒组成了原煤体的承载骨架,因此详细了解煤的粒径与级配,对分析原煤的物理力学性质有重要意义。

参照《土工试验规程》(YS/T 5225—2016),按筛分法取筛子孔径分别为 0.075 mm,0.15 mm,0.3 mm,0.6 mm,1.18 mm,2.36 mm,4.75 mm,9.5 mm,16 mm,31.5 mm。将事先称量好 2 000 g 烘干后的原煤样品分别过筛,称量留在各个孔径筛子上的煤的质量,分别计算相应质量分数。两次试验结果所得各粒径范围内的煤样百分比见表 3-2。

表 3-2　各粒径范围内的煤颗粒所占百分比(质量分数)

煤样 1		煤样 2	
粒径/mm	百分比/%	粒径/mm	百分比/%
<0.075	0.12	<0.075	0.18
0.075～0.15	0.85	0.075～0.15	3.48
0.15～0.30	9.57	0.15～0.30	7.85
0.30～0.60	12.01	0.30～0.60	7.93
0.60～1.18	11.92	0.60～1.18	13.56
1.18～2.36	14.48	1.18～2.36	23.01
2.36～4.75	30.12	2.36～4.75	19.89
4.75～9.50	14.74	4.75～9.50	13.21
9.50～16.00	3.98	9.50～16.00	5.84
16.00～31.50	2.21	16.00～31.50	3.21
>31.50	0	>31.50	1.84

引入不均匀系数 C_u 表征原煤颗粒的均匀程度和分布连续性程度:

$$C_u = \frac{d_{60}}{d_{10}} \tag{3-2}$$

式中　d_{60}——煤颗粒尺寸,小于此种尺寸煤颗粒的质量占煤总质量的 60%;

d_{10}——煤颗粒尺寸,小于此种尺寸煤颗粒的质量占煤总质量的 10%。

当 C_u 大于 5 时,表示煤颗粒不均匀,称作不均匀煤。该煤样不均匀系数远大于 5,说明该煤样粗颗粒和细颗粒之间相差比较悬殊,含有不同粗细的粒组,且粒组之间的变化范围很宽,不能用简单的某一颗粒范围来表征整个煤粒值域。这间接说明了若要以松散煤为基础完成相关试验，必须高度还原原煤的完整性，以保证所取煤样包含绝大部分粒组。

根据粒径分布规律得到粒径为 0～2 mm 的原煤平均约占 49%，2～5 mm 的平均约占 29%，5～15 mm 的平均约占 20%。将粒径为 0～2 mm 的煤粒称作细粒组，粒径为 2～5 mm 的煤粒称作中粒组，粒径为 5～15 mm 的煤粒称作粗粒组。因此，各个粒组之间的比例（质量比）大致为细粒组∶中粒组∶粗粒组为 5∶3∶2。该煤粒粒组分组既体现了煤粒的尺寸分布规律，又能很好地囊括绝大部分煤颗粒，各组间的比例合适。另外，室内筛分试验过程和粒径级配曲线显示，原煤存在粒径大于 15 mm 和 30 mm 的块体，但这一比例很低，大约占总质量的 2%，多以小块矸石为主（大型室外筛分也显示同样结果），不具代表意义，因此舍去。试验取 0～15 mm 原煤煤粒，并按照粒组间比例确定配比表征松散煤体。

3.3.2　室外原煤筛分

由于构建等效试样需要大量的煤，因此选择室外筛分，并按照室内粒组的分组，确定关键筛网孔径为 15 mm，5 mm 和 2 mm。具体步骤如下，原煤晾晒 2～3 d 后，取原煤先过 15 mm筛子，结果显示存留的大部分为煤矸石（见图 3-3），舍弃。剩余煤样依次通过 5 mm 和 2 mm 筛子，从而将原煤分成粗、中、细粒三组，称重结果显示，粒组间的比例也大约为 5∶3∶2，再次证明了室内筛分的准确性。室外筛分后的各粒组煤装袋备用，作为制作试样的初始材料，待试验时按比例取各粒组组合。这样做，一是较为完整地体现了原煤的级配关系，二是避免了原煤颗粒的波动性（原煤取样地点不一致导致粒组分散规律不一致，影响试验结果），保证制作试样的均一性。

3.3.3　原煤含水率测定

参考标准《煤和岩石物理力学性质测定方法 第 6 部分：煤和岩石含水率测定方法》（GB/T 23561.6—2009），取得天然状态原煤，取部分试样称重 M_1 在 110 ℃烘箱内烘干 24 h，放在干燥器中冷却至室温称重得 M_2。按照式（3-3）计算含水率：

$$w = \left(\frac{M_1}{M_2} - 1\right) \times 100\% \tag{3-3}$$

式中　w——煤样天然含水率；

(a) 晾晒后原煤

图 3-3　室外原煤筛分过程

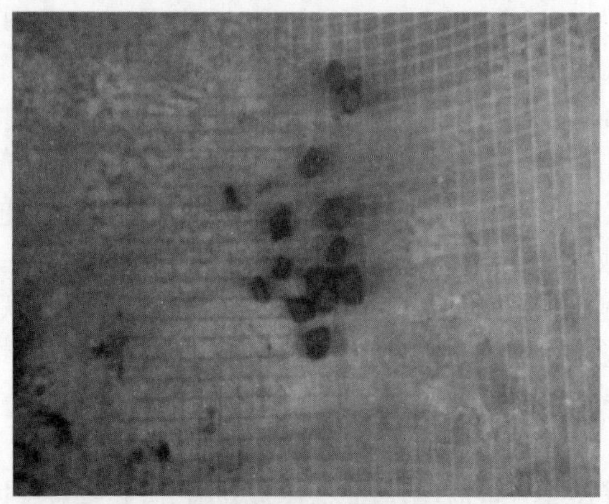

(b) 孔径15 mm筛子筛分

(c) 孔径5 mm筛子筛分

(d) 孔径2 mm筛子筛分

图 3-3(续)

M_1——天然含水状态试样质量，g；

M_2——烘干的试样质量，g。

取不同位置新鲜煤体用保鲜膜包裹并在实验室测试，每个位置平行测定3次，取算术平均值约4.8%，测试结果见表3-3。烘干测试见图3-4。

表3-3 原煤含水率实测结果

次数	第一次	第二次	第三次	均值
含水率/%	3.568	5.824	4.891	4.761

图3-4 原煤烘干测试

3.4 实验室成型煤体及样本构建

3.4.1 关键影响参数选取

在实验室若要进行松散煤体的流变试验，必须要制作完整的试样。而现场在该类“散、软、垮”的煤层中取得完整试样极为困难，即使找到略微坚硬的块样，制成试样，这也是大尺度、大范围松软煤层中个别硬块样。所取的试块不具有典型性、代表性和完备性，不能真实全面地表征实际的煤层特征。要最大限度还原实际赋存状态下的原煤，用原煤在实验室构建等效的型煤试样，应该用原煤粒径级配，不应添加黏结剂（原煤赋存在自然状态下，所以用任何一种黏结剂制作型煤，从严格意义上讲，所构建的型煤都与原煤不符），充分利用煤颗粒自身的黏结性和水的成型作用，加之试验原煤中所含的弱胶结性质的高岭土成分，以此制作高度还原现场状态的型煤试样。

因此，等效试样制作的关键影响参数为成型压力、成型时间和成型水分（原煤等效水分）。进而，基于前人的研究成果，同时根据实测与理论分析，认为取自现场的原煤虽然松散且强度低，无法进行弹性模量和泊松比等测试，但可用坚固性系数来量化反映其强度特征，再用强度相似成型煤体进行试验，另外，现场原煤的孔隙结构可由成型煤体模拟。因此，最终提出构建由成型压力、成型时间和成型水分决定的力学强度和孔隙率与原煤等效的松散煤体试样。

3.4.2 煤体成型方案设计

成型压力在某种程度上可以看作原煤赋存处的垂直压力，如前所述，随着成型压力的增大，煤体孔隙率逐渐减小，这与自然状态下的实测煤体孔隙率随埋深变化规律一致。作为研究对象的松散软煤实际埋深介于 700～1 000 m，因此设计成型压力为 15～30 MPa，平均分为 4 个水平。试验表明：对于试验所取用的原煤，当成型压力大于 35 MPa 时，成型煤体存在压溃现象，因此选取的压力范围合理。成型时间作用与成型压力类似，并不是成型时间越长越好，当成型时间超过 40 min 时，同样显现压溃现象。见图 3-5。

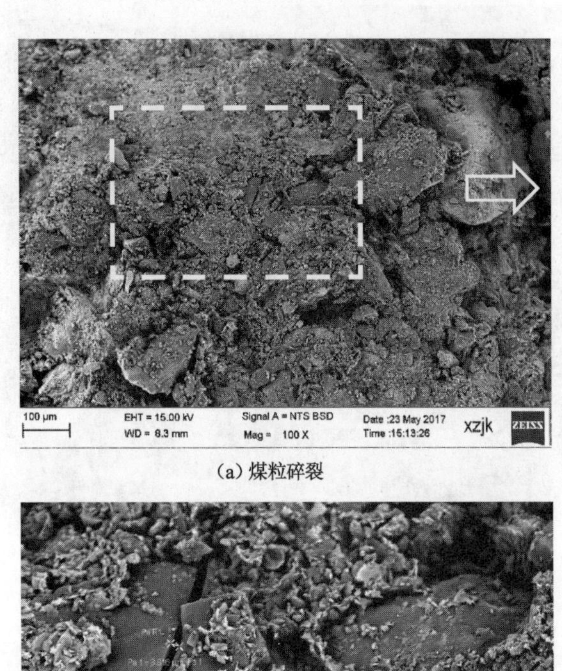

(a) 煤粒碎裂

(b) 局部放大

图 3-5 压溃现象的扫描电镜观察结果

当成型压力过大或成型时间过长时，部分初始煤颗粒碎裂，产生新鲜裂缝，内部结构完整性遭到破坏；当成型煤体受载时，此处易产生应力集中，造成进一步的张裂、滑移，从而导致宏观强度降低现象。另外，考虑试验周期及类比前人试验设计，选择保压时间为 5 min，15 min，25 min，35 min 等 4 个水平。结合原煤实测的含水率状态，选择 1%，3%，5%，7% 等 4 个水平成型含水率。具体试验方案如表 3-4 所示。为全方位考虑各因素的具体影响效果，采用全试验设计方案，共计 64 组试验，每组试样制作 3 个，测试结果取平均值，因此共制作 192 个试样。考虑试验周期和人力，采用两台试验机、多套模具，分批制作、平行作业历时月余完成上述工作。

表 3-4　试验方案设计

影响因素	成型压力/MPa	保压时间/min	成型水分/%
水平	15	5	1
	20	15	3
	25	25	5
	30	35	7

3.4.3　煤体成型工艺

试验步骤具体概括为如下流程(图 3-6)：分别按比例称量原煤(粗粒组、中粒组、细粒组质量比为 2∶3∶5)→按设计的含水率称量所加水→用喷壶喷洒水于原煤并搅拌均匀→将成型模具内部涂抹凡士林润滑减小摩擦→将混合均匀的煤粒加入模具并捣实→在模具上顶面附加薄膜防止成型后煤体与压头粘连→将压头置于模具内准备压制→设定好成型压力和保压时间进行压制→松动模具脱模→部分成型试样。压制时选择位移控制方式(5 mm/min)，设定相应成型压力及保压时间。

3.4.4　煤体成型过程分析

各截面煤粒在应力作用下，当其大于煤粒与壁面间摩擦阻力时，煤粒移动靠近，相互黏结成型，具体的煤粒团聚机理分析如下：煤粒间包含的有机质的黏结、煤粒间的机械咬合力和静电力及分子间作用力如范德华力、内部水分子产生的毛细吸力等多种物理化学因素的共同作用，最终煤体成型。典型的型煤成型压力与压缩位移曲线如图 3-7(a)所示。根据图 3-7(a)，在保压时间和成型水分一定的条件下，随着成型压力的增大，压缩位移逐渐增大，呈现幂指数函数关系，可以分为三个主要阶段，如图 3-7(b)所示。

(1) 初始压密变形阶段(OA 段)：此阶段煤体内大量的空隙被压密，内部颗粒滑动，空隙被小颗粒充填，曲线较为平缓。

(2) 塑性变形阶段(AB 段)：此阶段初始，内部颗粒破碎变形，压缩产生塑性变形，然后颗粒被进一步挤压密实，颗粒间咬合力和黏结力增强，变形也由初始阶段的塑性逐渐向弹性转变，曲线斜率逐渐变大。

(3) 弹性变形阶段(BC 段)：此阶段煤体内孔隙结构进一步被压缩压密，体积进一步减小，变形为弹性的，曲线斜率保持一致。

3.4.5　煤体样本数据集构建

1) 孔隙率测试

由于压制结束卸压后，试样会或多或少地存在回弹现象，因此试样真实体积是脱模后的体积。将型煤置于自然状态下 7 d，测其高度和直径与质量，计算表观密度(视密度)，测量过程如图 3-8 所示，并计算型煤孔隙率。另取压制后的型煤小块体，用扫描电镜观测其孔隙裂隙结构，如图 3-9 所示，也存在大的煤粒周围裹覆着较小的煤粒，其间存在大量的微孔与裂隙，由此可以直观地认为成型煤体可高度还原松散原煤空隙结构。

(a) 细粒组质量称量

(b) 中粒组质量称量

(c) 粗粒组质量称量

(d) 水质量称量

(e) 喷水混合并搅拌均匀

(f) 模具壁面减摩

图 3-6　型煤成型工艺流程

(g) 加煤捣实

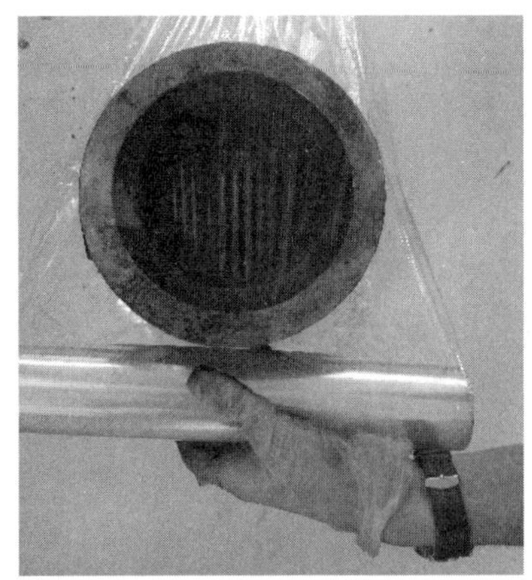

(h) 附薄膜

(i) 放置压头

(j) 试验机压制

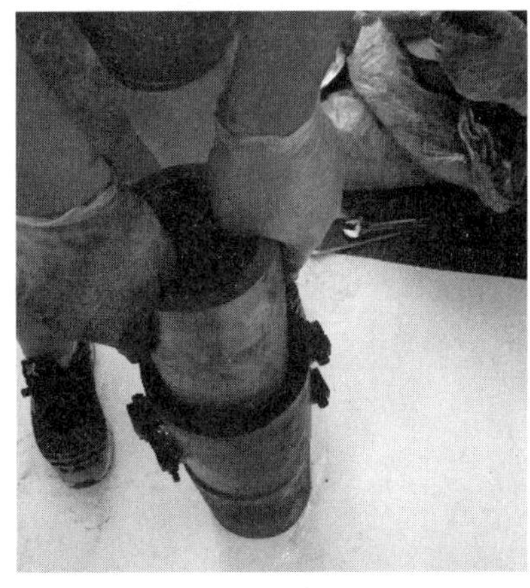

(k) 脱模

(l) 部分成型试样

图 3-6(续)

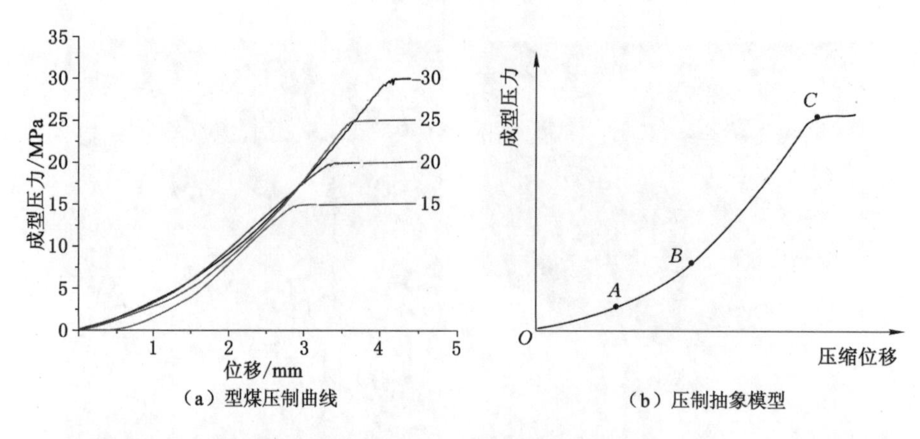

（a）型煤压制曲线　　（b）压制抽象模型

图 3-7　典型松散煤体压制曲线及抽象模型

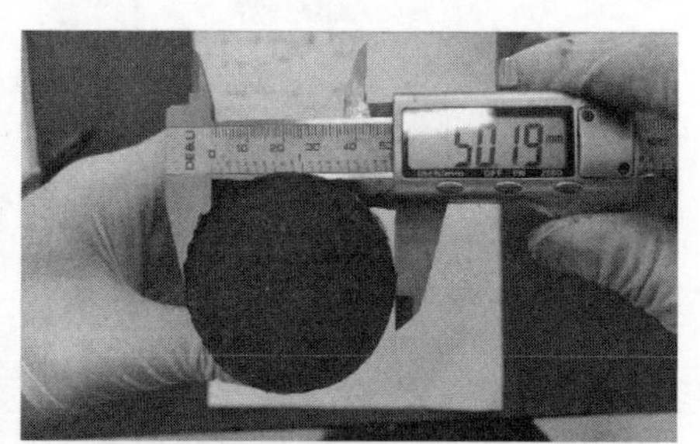

（b）量测直径

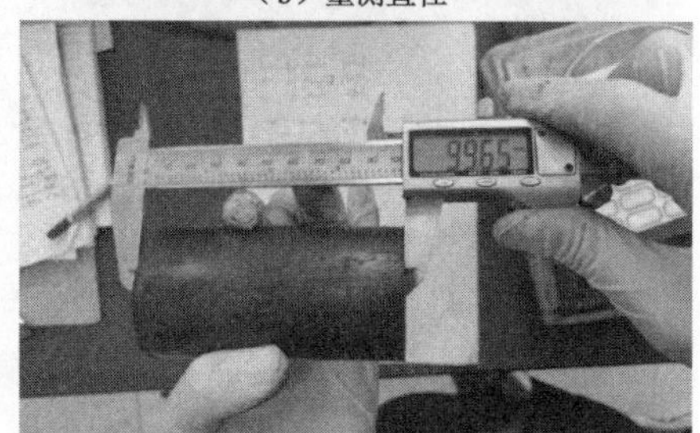

（a）称量质量　　（c）量测高度

图 3-8　型煤的质量和体积测定

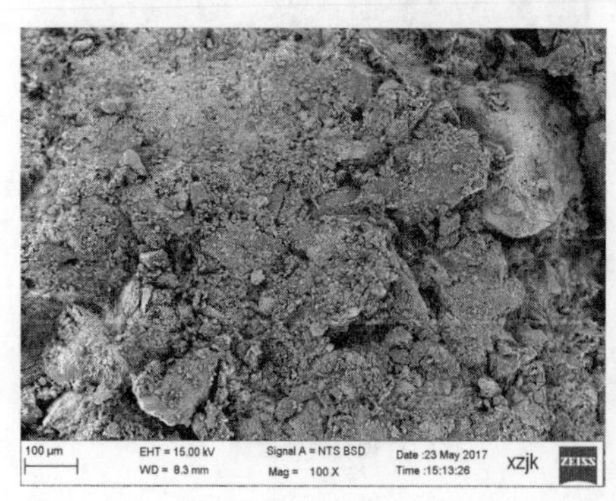

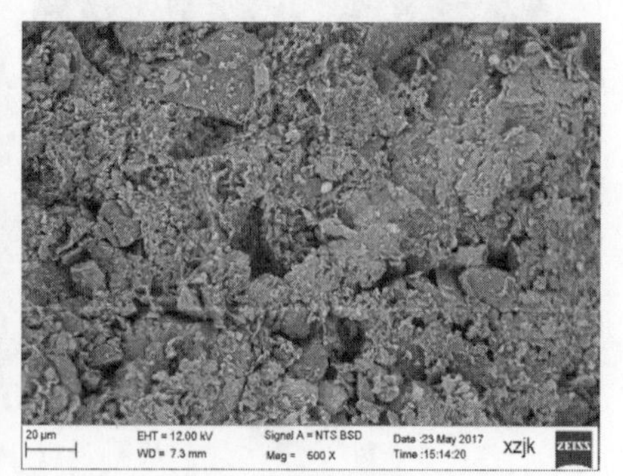

（a）型煤块体放大100倍　　（b）型煤块体放大500倍

图 3-9　型煤孔隙裂隙结构扫描电镜分析

2）型煤强度测试

取成型试样测其单轴抗压强度，试验机采用位移控制（0.05 mm/min），记录其强度及位移情况。型煤单轴压缩全应力-应变曲线如图3-10所示。型煤单轴压缩及典型破裂形式如图3-11所示，绝大部分为压剪破坏，小部分为拉剪组合破坏，这说明型煤制作均匀，受力破坏方式类似。将以上测试得到的每个试样的孔隙率及单轴抗压强度作为原始数据收集归纳，以便进一步分析。

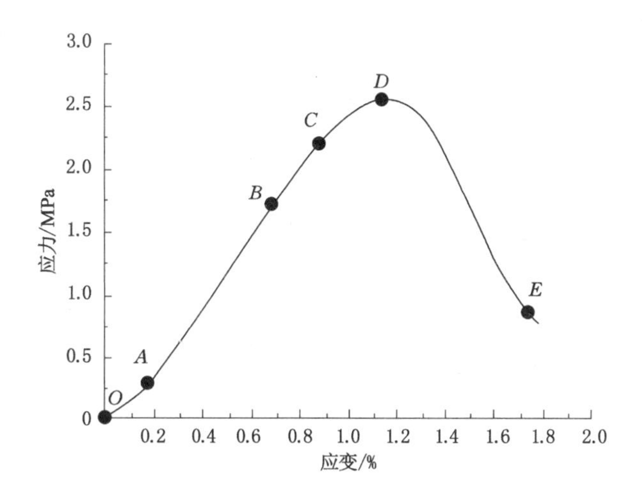

图3-10　型煤单轴压缩全应力-应变曲线

（a）单轴压缩

（b）破裂形式

图3-11　型煤单轴压缩及破裂形式

由图3-10可知，实验室所构建的等效煤体在单轴压缩情况下的全应力-应变曲线可分为五个阶段，即孔隙裂隙压密阶段、弹性变形阶段、稳定破裂阶段、加速破坏阶段和峰后破坏阶段，该煤体试样变形符合常规煤岩体单轴压缩变形规律。

(1) 孔隙裂隙压密阶段(*OA* 段)：该阶段的应力-应变曲线呈现非线性的上凹形，且曲线斜率逐渐增大，这是由于煤体内存在的孔隙裂隙被逐步压实，煤体逐渐密实。该阶段往往出现在应力较小时。

(2) 弹性变形阶段(*AB* 段)：煤体在经过压密阶段后，在压力作用下，逐渐进入弹性阶段，此时曲线呈直线状，若在此阶段卸载，煤体变形可以恢复。一般地，可用该阶段的应力与应变计算煤体的弹性模量。

(3) 稳定破裂阶段(*BC* 段)：经过直线段后，试样进入弹塑性变形阶段，内部出现微破裂，部分孔隙连通，且随着应力的增大，这种破裂趋势逐渐增大，此阶段的煤体出现不可恢复的塑性变形。

(4) 加速破坏阶段(*CD* 段)：进一步地，试样内部的裂隙逐渐发育，部分孔隙与孔隙间连通发展，煤体的应力-应变曲线逐渐呈现非线性状，曲线斜率逐渐减小，试样进入塑性变形阶段。此时，试样会产生不可恢复的塑性变形。

(5) 峰后破坏阶段(*DE* 段)：试样达到峰值承载能力后发生破坏，此时内部裂隙进一步扩展贯通，孔隙与裂隙连通，形成宏观的破裂面。煤体试样虽然发生破坏，但仍有一定的残余强度，此时主要受控于破碎体间的滑动。

3.5 基于反演模型构建等效型煤

3.5.1 型煤孔隙率及强度试验结果分析

将试样试验结果展示在四维图 3-12 中。可见，随着成型压力的增加，孔隙率逐渐降低但趋势趋缓，相反，单轴抗压强度却逐渐增大且趋势趋缓，结果呈现高度的非线性关系，该结论与前文的理论论述相契合，这说明了试验的可靠性。与之类似，在成型压力与保压时间恒

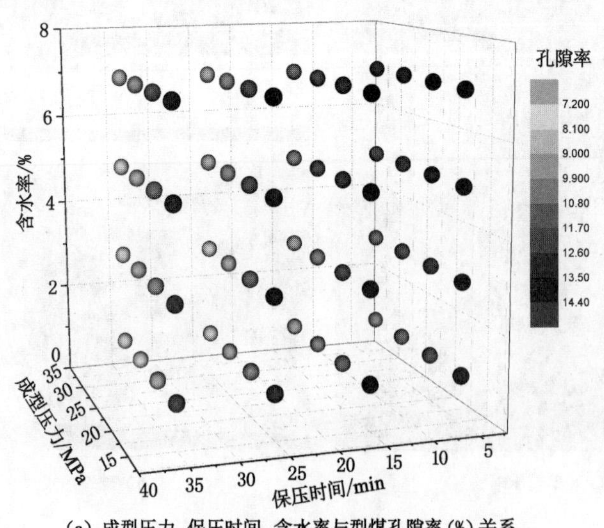

(a) 成型压力、保压时间、含水率与型煤孔隙率(%)关系

图 3-12 成型压力、保压时间、含水率与型煤孔隙率和单轴抗压强度的非线性关系

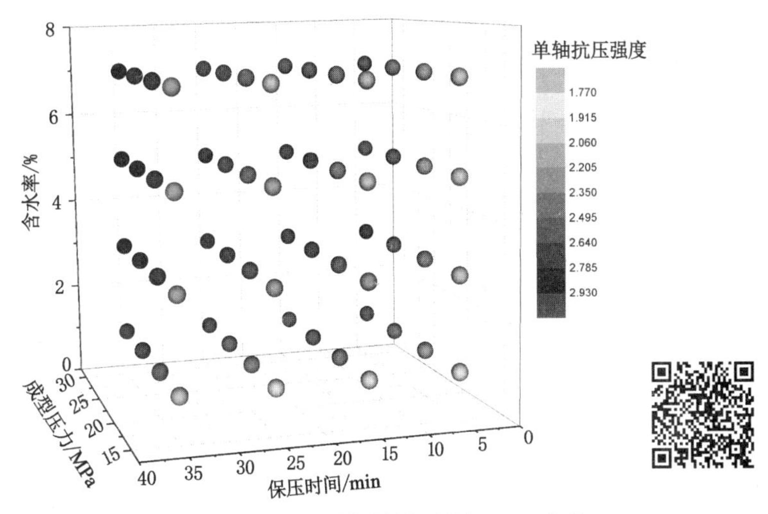

(b) 成型压力、保压时间、含水率与型煤单轴抗压强度 (MPa) 关系

图 3-12(续)

定，变量为含水率，或成型压力与含水率恒定，变量为保压时间时，所得到的孔隙率与单轴抗压强度都与相关变量呈非线性关系。

所以注意到，各个变量同时影响并共同耦合作用于最终结果，3 个变量与 2 个结果间的关系难以用传统的线性或非线性关系描述，若强行拟合各变量与结果，拟合公式将极其复杂，精度不高，难以方便应用，不利于推广。另外，前人在该方面总结的经验公式多半侧重于某一方面，得到的结论不仅偏保守而且在精确性方面也存在较大的问题。在多变量如成型压力、保压时间和成型水分(3 个变量)，以及多水平(各因素下 4 个水平)情况下得到的孔隙率和单轴抗压强度两个输出结果，难以通过常规方法推断“构建参数”。综上，需要找到一种行之有效的方法来反演计算等效型煤的“构建参数”。

3.5.2　型煤的“构建参数”及试验结果

1) 型煤“构建参数”反演

将试验结果的 64 组数据样本，利用 ESVM(进化的支持向量机)智能算法进行学习。其中，天牛须算法(BAS)的初始设置为：最大迭代次数为 50 次，步长因子 A、B 均设为 0.95；支持向量机(SVM)初始参数 C、σ 均设置为 10。引入均方根误差(RMSE)，评价 BAS 对 SVM 参数的调节优化作用，见式(3-4)。经过一定次数的迭代后，调优迭代结果见图 3-13，最终均方根误差 RMSE 为0.031，这表明 BAS 对 SVM 有着很明显的优化作用。具体优化后的结果如表 3-5 所示。利用学习得到的稳定 ESVM 算法，以及 BAS 构建待寻优的成型参数组合，并以现场实测的原煤结果(单轴抗压强度为 2.5 MPa，孔隙率为 9.8%)和模型计算结果决定的最小误差为目标函数，进而通过迭代反演参数，得到寻优结果即最佳等效煤体的“构建参数”，结果见表 3-6。实际上有时候得到的参数解并非唯一解，此时要根据一般参数合理选取范围进行选定。以上过程发挥了 SVM 的快速非线性计算能力，同时也发挥了 BAS 的效率极高的全局搜索能力。

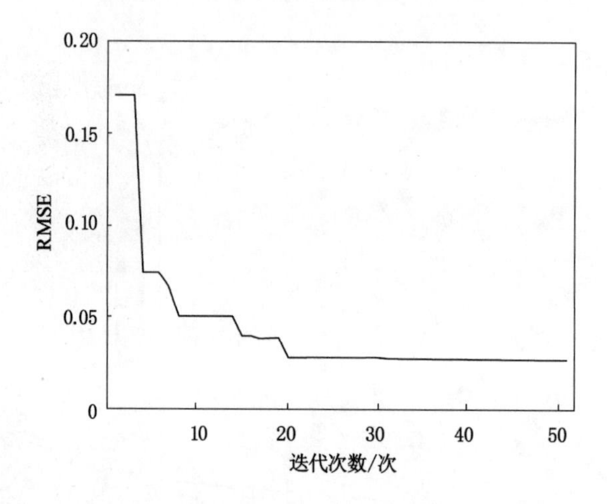

图 3-13 BAS 优化 SVM 的 RMSE 变化结果

表 3-5 优化后的 SVM 参数

参数	经验取值范围	初始值	优化值
C	[0.001,100]	10	1.21
σ	[0.001,100]	10	4.17

表 3-6 反演得到的等效煤体成型参数

参数	成型压力/MPa	保压时间/min	含水率/%
取值范围	15～30	5～35	1～7
反演结果	23.7	33.5	4.82

$$\mathrm{RMSE}=\sqrt{\frac{1}{m}\sum_{i=1}^{m}(y_i-\hat{y})^2} \tag{3-4}$$

式中 RMSE——均方根误差；

m——样本数量；

y_i——预测值；

$\hat{y}$——真实值。

2)“构建参数”下的等效煤体试验结果

根据反演得到的构建型煤的物理参数，在实验室制作型煤试样，并测试其单轴抗压强度和孔隙率。实测结果显示，按照反演参数制作的煤体孔隙率为 10%；试验强度结果如图 3-14 所示，单轴抗压强度为 2.52 MPa，与实际煤体非常接近，这证明了参数反演的可行性和有效性。由此参数构建的煤体可以高度等效于现场实际煤体，可以依托它对煤体的流变特性作进一步分析。

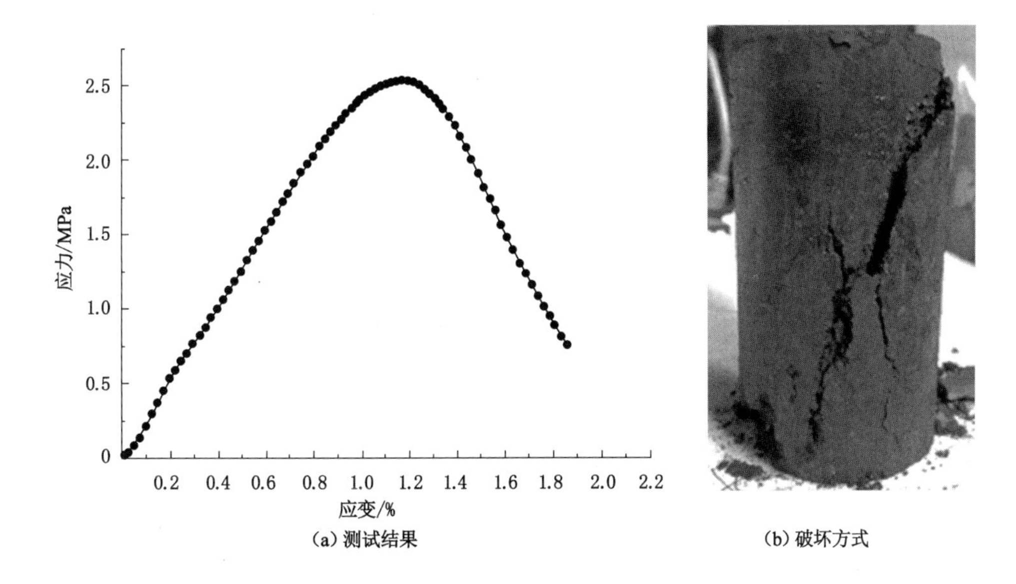

(a) 测试结果　　(b) 破坏方式

图 3-14　“构建参数”下的型煤实测应力-应变曲线及破坏方式

3.6　煤体试样单轴流变试验

开展实验室尺度下的松散煤岩蠕变研究，在保持不同应力状态下，分析其变形随时间变化特征，可以反映该类特殊软岩的蠕变规律，同时，试验结果可以作为现场煤体流变特性的参照，为揭示工程大尺度的巷道流变特征及提供工程数值模拟流变模型奠定基础。

通常根据流变试验的载荷加载及样品制备方式，可将实验室流变试验分为剪切流变试验、单轴压缩流变试验及三轴压缩流变试验。限于试验条件，采用可以直观反映煤体流变特性的单轴压缩流变试验，以得到煤体在不同压力作用下的应变与时间的关系，与巷道煤体流变特点进行对比分析。

3.6.1　煤体试样及单轴流变试验设备

依据等效煤体构建方法，选择制作好的等效煤体试样。由于煤体试样强度低，故采用高精度软岩试验机 UTM5504(深圳市新三思材料检测有限公司生产)。其量程为 0～50 kN，试验力及位移误差为±0.5%，试验力分辨率为 F. S. /300 000，位移分辨率为 0.04 μm，全程不分档，全程分辨率不变。位移控制范围为 0.001～500 mm/min，应力控制范围为(0.005%～5%)F. S. /s。对制作的 ϕ50 mm×100 mm 的圆柱体试样进行单轴压缩流变试验，仪器照片如图 3-15 所示。

3.6.2　流变试验方法及方案

一般地，室内流变试验常见的加载方法有两种，即分别加载法和分级加载法。分别加载法需要多个试样，分别进行长时加载而得到一簇不同应力下的流变曲线，难以保证试样完全一致，试验存在较大的波动，同时试验时间较长，要求试验机精度较高、稳定性好，实际试验中采用的较少。分级加载法在一个试样上施加不同的应力水平，在达到稳定蠕变时间后进

图 3-15　高精度软岩试验机

行下一级应力加载，直至试样在给定应力下破坏。分级加载法可节约试样并能避免试样不同而产生的数据离散和波动，得到了广泛应用。但也应该注意到，由于上一级应力的加载，在试样中会产生或多或少的损伤，并且这种损伤会逐渐累积，一定程度上会影响试验结果。因此，选择何种加载方法要视情况而定。

考虑时间和成本等因素，选择分级加载法对试样进行流变试验。流变体对加载历史具有记忆效应，该效应可以表达为线性条件下的蠕变叠加原理，但在非线性条件下，不遵守简单的叠加原理，因此很难建立本构关系。通过采取适当的技术方法如作图法可以建立真实变形的叠加关系，这种方法对于线性和非线性的蠕变曲线都适用。

1）分级加载法

对试样进行分级（阶梯）加载，过程如图 3-16 所示。在第一级载荷作用下，试样发生蠕变变形，若试验进行到 t_1 时不进行下一级载荷加载，则由于试样已经进入稳定蠕变阶段，试样将沿实线继续蠕变。因此，若对试样增加载荷，作用的效果是试样产生了实线与实线之间的附加变形，如图中的虚线部分。进一步地，可以建立以时间 t_1 为起点，在下级载荷作用下的蠕变曲线。继续进行阶梯加载，可以在上一级蠕变曲线上进行相同的处理。所以，可以在一块试样上得到不同应力下的蠕变曲线。采用这种方法可以尽可能地获得更多更准确的试验数据。

2）试验步骤及方案

在流变试验前要进行煤体试样的单轴瞬时强度测试，然后根据其强度确定一级加载应力水平和最大应力加载水平，在最大与最小应力加载水平间确定 2～5 个应力加载水平。加载速率控制在 5 N/s。保压时间一般以不产生较大蠕变变形为准，根据经验一般取 12～24 h，时间过短无法确定试样蠕变进入等速阶段，时间过长则会导致试验周期延长，成本增

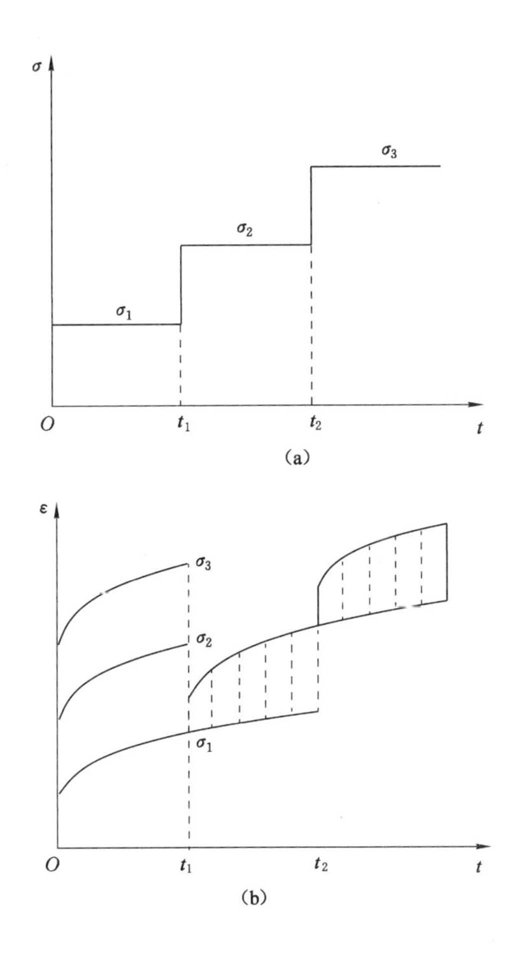

图 3-16　分级加载示意图与蠕变曲线处理

高。当某一级载荷加载时间到达设定时间时，加载下一级载荷，一般而言最后一级载荷的加载时间取决于试样破坏时间。鉴于此，等效煤体的单轴压缩流变试验具体步骤如下：

(1) 将制备好的煤样放入压盘中，调整中心位置，避免受偏压影响而产生较大误差。

(2) 试样加载时，施加一级载荷，恒定载荷 12 h 后施加二级载荷，以此类推，重复上述步骤，直至试样破坏。试样卸载时，载荷卸载至零，恒定维持 1 h。全程记录试验数据。

(3) 根据等效煤体单轴抗压强度试验测试结果，分别在 3 个试样上进行相关流变和卸载试验，试样 M-1 进行较大载荷级差流变试验，试样 M-2 进行较小载荷级差流变试验，试样 M-3 进行大载荷级差流变加载及卸载试验。具体载荷施加情况和试验方案如表 3-7 所示。

表 3-7　煤体单轴压缩流变试验方案与载荷水平

试样名称	载荷水平/MPa						
	一级	二级	三级	四级	五级	六级	七级
M-1	0.25	0.75	1.25	2.00	—	—	—
M-2	0.25	0.50	0.75	1.00	1.25	1.50	1.75
M-3	0.15	0.80	1.75	—	—	—	—

3.6.3 单轴压缩流变试验全过程轴向应变规律

图 3-17、图 3-18、图 3-19 分别为试样 M-1、M-2、M-3 的单轴压缩流变试验曲线。

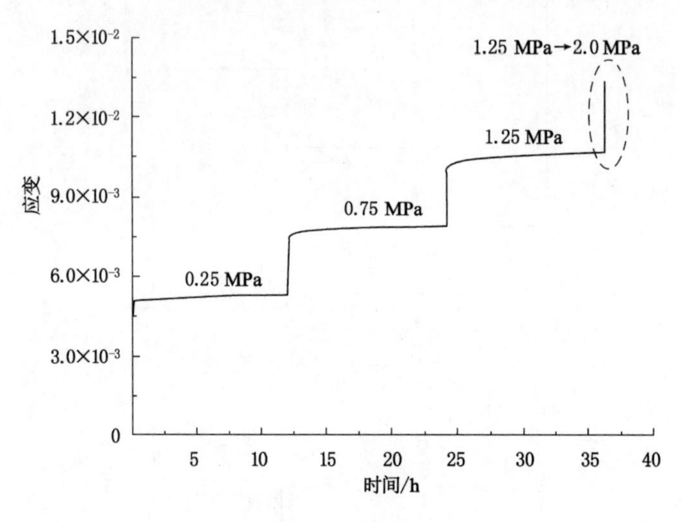

图 3-17 试样 M-1 蠕变全过程曲线

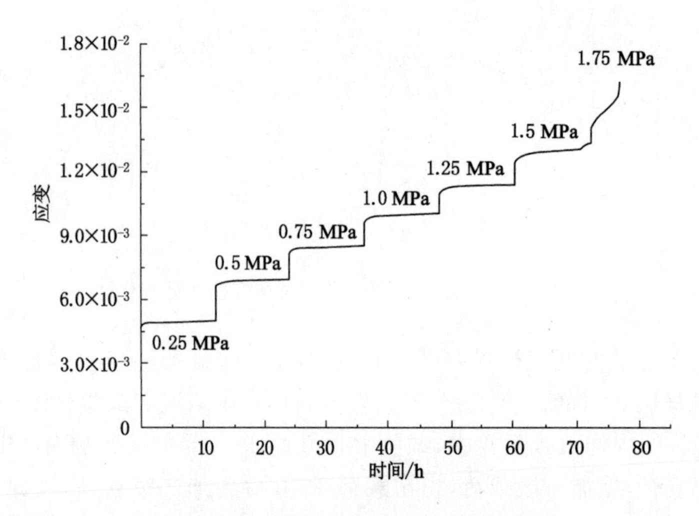

图 3-18 试样 M-2 蠕变全过程曲线

通过观察上述曲线得到如下松散煤体流变过程中的基本特点：

(1) 当载荷作用于试样时，试样就会产生瞬时变形，随着时间的延长，试样会产生蠕变变形。瞬时总应变随着应力水平的增加而增大，且瞬时应变占总变形的大部分。例如，试样 M-1 在一级载荷(0.25 MPa)作用时，产生的瞬时应变为 0.48%，而在三级载荷(1.25 MPa)作用时，瞬时应变达到了 1.01%；在一级载荷作用下，蠕变应变达 0.05%，而总应变此时为 0.53%，因此蠕变变形仅占全部变形的 9.4%左右。

(2) 对于松散煤体的蠕变试验，试样没有出现明显的起始蠕变应力阈值，也就是说即使在较低的应力水平下，煤体也会产生蠕变变形。如试样 M-3，在一级载荷(0.15 MPa)作用时，应变仍然随着时间的延长而增大，说明产生了蠕变变形。

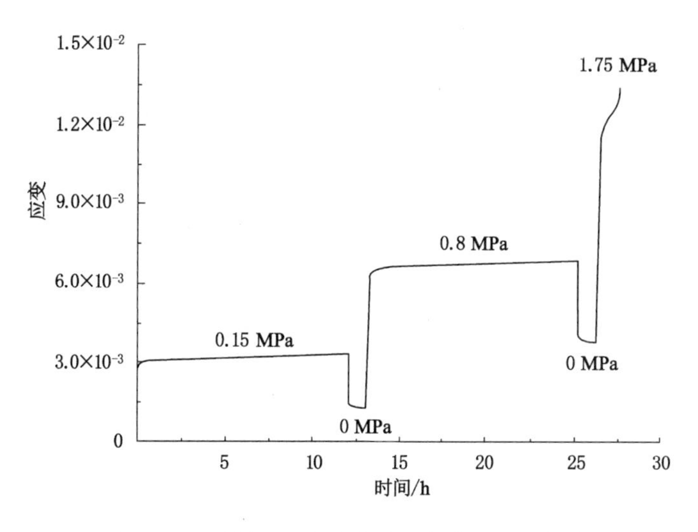

图 3-19　试样 M-3 蠕变加载及卸载全过程曲线

(3) 当作用于试样的应力水平小于其屈服破坏强度时，蠕变变形由衰减蠕变阶段和等速蠕变阶段组成。如试样 M-1 的前三级载荷作用下的蠕变曲线，试样 M-2 的前六级载荷作用下的蠕变曲线，以及试样 M-3 的前两级载荷作用下的蠕变曲线，都反映了该蠕变特点。取试样 M-2 在一级载荷作用下的蠕变曲线，建立应变速率与时间的关系曲线，如图 3-20 所示。图 3-20 形象地反映了应变速率也呈现两阶段变化特征，随着时间延长应变速率逐渐减小并维持在一个较小的范围内，应变速率接近零且基本保持不变。0～0.5 h 为煤体试样的衰减蠕变阶段，0.5～12 h 为等速蠕变阶段。

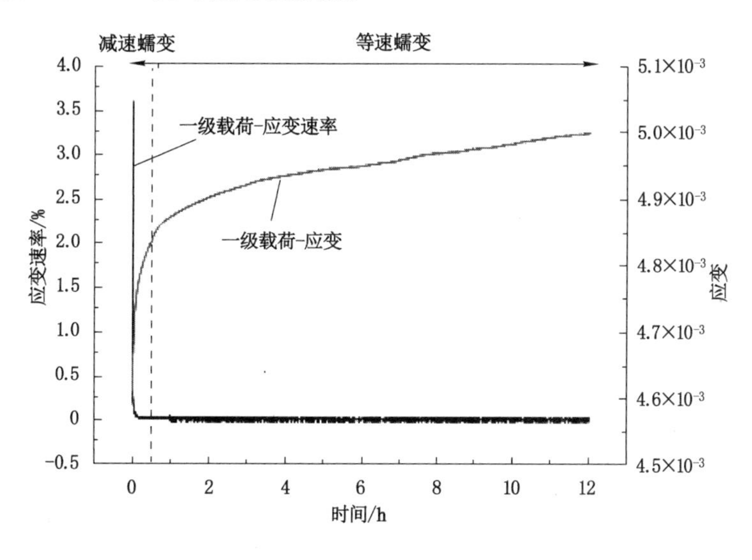

图 3-20　试样 M-2 在一级载荷下的应变和应变速率与时间关系

(4) 当作用于试样上的应力水平大于或等于其屈服阈值时，蠕变曲线一般由衰减蠕变、等速蠕变和加速蠕变三阶段组成。曲线一般在较短时间内经历这 3 个过程而发生破坏，其中加速蠕变阶段历时更短。如试样 M-2 和 M-3 在最后一级载荷作用下，都出现了典型的三阶段蠕变变形特性。如图 3-21 所示，应变速率与时间的关系体现了试样 M-2 在七级载荷作用下的蠕变三阶段变化情况。具体地，试样 M-2 在经历了 0.53 h 的减速蠕变阶段后进入了时长约为 3.62 h 的等速蠕变阶段，然后经过约 0.38 h 的加速蠕变阶段至试样破坏。总时长约为 4.53 h，远小于前几级应力水平下设定的 12 h 蠕变时间。

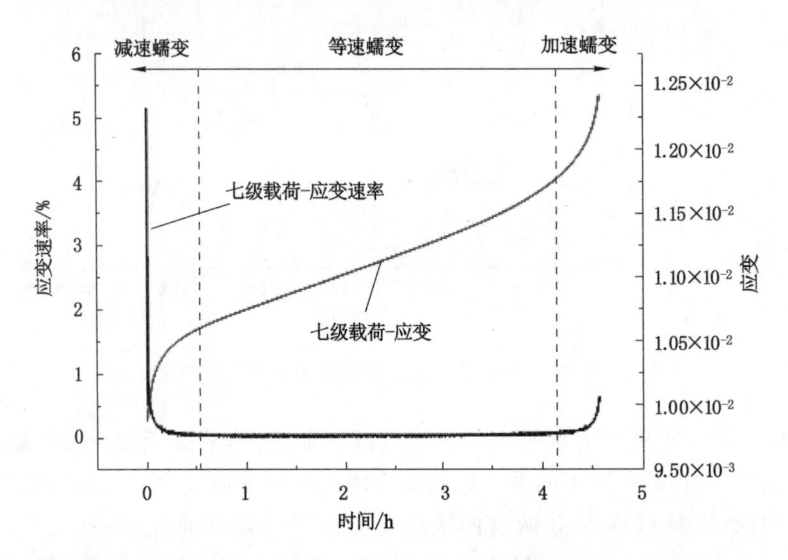

图 3-21　试样 M-2 在七级载荷下的应变和应变速率与时间关系

(5) 当应力级差较大且最后一级应力水平超过其屈服阈值时，在加载过程中变形急剧增大，在极短的时间内试样就发生破坏，可认为该变形阶段为塑性破坏阶段。如试样 M-1，由于在二级和三级载荷作用下，试样内部产生了长时蠕变损伤，试样的屈服强度降低，在最后一级载荷(2.0 MPa)作用过程中，当应力超过其屈服强度时，试样发生屈服破坏。

(6) 卸载瞬间部分变形迅速得到了恢复，此时可认为是煤体中的弹性应变得到了恢复。随着时间的延长，黏弹性应变逐渐得到恢复，可认为具有弹性后效现象。当应力卸载至零时，试样的变形不能完全恢复，存在永久残余变形，且随着加载应力水平的增大，残余应变增大。如试样 M-3 的流变卸载试验，在一级载荷(0.15 MPa)卸载后，应变由原来的 0.32%突降至 0.16%，随着时间的延长，应变进一步降低至 0.14%左右，并稳定在该值附近；在二级载荷(0.8 MPa)卸载后，应变由原来的 0.68%突降至 0.39%，随着时间的延长，应变进一步降低至 0.37%左右，并稳定在该值附近。相较而言，随着加载应力水平的增大，试样的残余应变增大(0.37%>0.16%)。

上述分析再次说明，松散煤体小尺寸试样在受载情况下也存在明显的流变特性，这也验证了上述大尺度巷道煤体流变变形的分析结论。

3.6.4　单轴压缩流变试验轴向应力-应变曲线规律

选取试样 M-2 作为研究对象，绘制煤体流变试验过程应力-应变曲线，见图 3-22。图 3-22 中与轴向应变轴近似平行的为蠕变变形，其他为载荷作用下的瞬时加载变形。图 3-22清晰地反映如下规律：在较低的应力水平下，煤体产生较小的蠕变变形，此时瞬时加载变形占据主要部分，如在一、二、三、四级载荷作用下的加载变形与蠕变变形关系；随着应力水平的提高，蠕变变形逐渐增大，同时蠕变变形占比逐渐增大，如在五、六、七级载荷作用下的加载变形与蠕变变形关系。以上关系验证了上节所提及的轴向全过程蠕变规律。

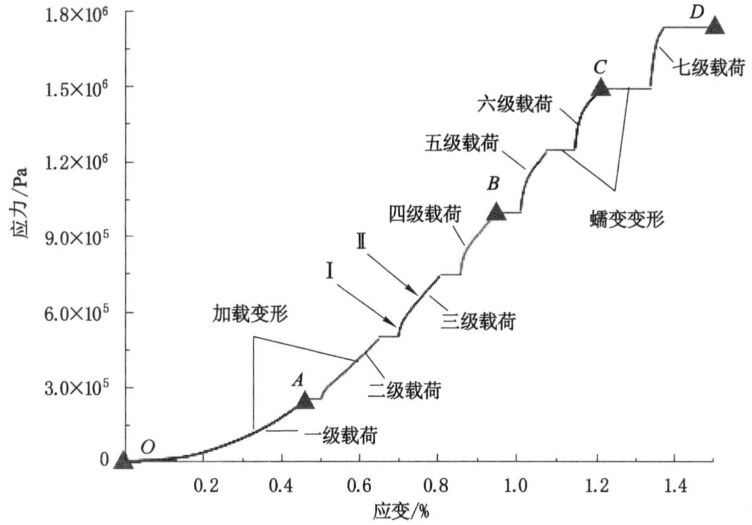

图 3-22　煤体流变状态下的应力-应变曲线

进一步地，根据煤体流变状态下的应力-应变曲线特征，可以将曲线划分为如下四个阶段。

(1) *OA* 段(孔隙裂隙压密)：类似于等效煤体的单轴压缩试验，该阶段煤体在受载作用下内部孔隙裂隙被压实压密，应力-应变曲线呈现上凹形，产生非线性变形，该变形在卸载后不会完全恢复。

(2) *AB* 段(线性变形)：该阶段应力-应变曲线由图中的Ⅰ和Ⅱ两部分组成，两部分均为直线段。Ⅰ部分直线段近似垂直于应变轴，可视为瞬时弹性变形；Ⅱ部分为倾斜直线，可视为瞬时黏弹性变形，占据总线性变形的大部分。但需要注意的是，由于该阶段煤体受流变作用，煤体内部会产生蠕变损伤，小部分孔隙连通，若卸载，会存有永久残余变形(参照上节试样 M-3 卸载特性)。

(3) *BC* 段(孔隙裂隙发育)：该阶段应力-应变曲线偏离直线，呈现非线性特征，产生不可恢复的塑性变形。此时，煤体在载荷作用下，部分裂隙扩展、孔隙贯通，加之前阶段所受到的流变损伤累积影响，煤体内承载结构遭到不可逆的弱化，塑性变形逐渐增大。

(4) *CD* 段(加速破坏)：煤体内部的裂隙裂纹进一步扩展，孔隙与裂隙连通，产生宏观裂纹，塑性变形明显，试样发生加速塑性破坏。需要指出的是，该阶段的应力-应变曲线比常规单轴压缩应力-应变曲线变化快，主要是受前几阶段的蠕变损伤影响，煤体内部结构遭到累积破坏，在高应力作用下，裂隙迅速扩展演化，应变迅速增长，试样往往发生溃坏。

3.6.5　单轴压缩流变试验等时应力-应变曲线规律

进一步地，绘制等时应力-应变曲线。选取应力水平瞬时加载完成所对应的应力及应变，如图 4-8 中的点 *A*，*B*，*C* 记录应力及应变，此系列时间设为蠕变起始时间(0 h)；选取发生衰减蠕变阶段，蠕变时间选取为 0.5 h；选取等速及加速阶段的应力应变点，此处蠕变时间选取为 4.5 h。如图 3-23 所示。

由图 3-23 可知，在蠕变起始时间条件下，随着应力水平的增大，煤体的瞬时变形增量逐

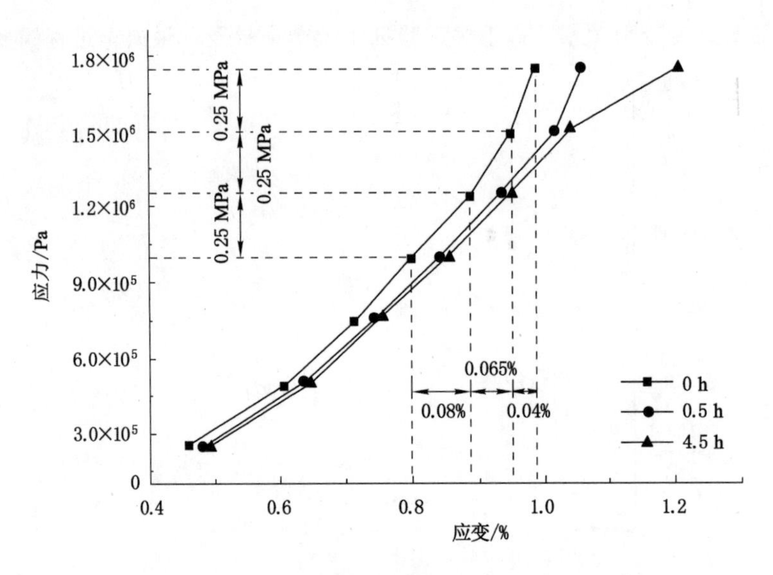

图 3-23 试样 M-2 等时应力-应变曲线

渐减小，图中表现为 0 h 曲线上凹，表现为弹性特性。如图 3-23 中 0 h 曲线后几个阶段，在等应力级差为 0.25 MPa 条件下，应变增量由 0.08%减小至 0.065%，再到 0.04%。与之类似是在衰减蠕变阶段选取的 0.5 h 应力-应变曲线，随着应力水平的增大，煤体的衰减蠕变变形增量逐渐减小，也表现为曲线上凹，但斜率减小，应变较 0 h 曲线增大，试样整体表现为黏弹性特征。与上述曲线趋势不同的是含有加速蠕变阶段曲线，在蠕变时间 4.5 h 所选取的应力应变点，在后两级等应力增量水平下，应变增量逐渐增大，间接说明此时已经达到煤体屈服强度，试样整体表现为黏弹塑性特征。此时试样在应力水平为 1.75 MPa 时发生破坏，限于试验条件，可将该值视为煤体的长期强度，因此试样的长期强度大约为极限强度(2.5 MPa)的 70%。另外，在应力水平为 1.5 MPa 时，经反复蠕变的煤体进入塑性屈服状态，因此流变试样的屈服强度约为极限强度(2.5 MPa)的 60%，小于由常规单轴压缩应力-应变曲线得到的屈服强度(1.75 MPa)。

综上所述，试样经过多次蠕变，宏观上表现为强度的降低，抵抗载荷能力的降低和屈服破坏强度的弱化。从内部结构来看，由于受到蠕变作用，煤体内部的孔隙、裂隙随着长时的载荷作用而不断调整、发育、扩展和贯通，这导致其承载能力逐渐丧失。这也说明煤体在低应力条件下应力-应变基本呈直线关系，而随着应力水平的增大，应力-应变曲线逐渐偏向应变轴，甚至在蠕变加速破坏时近似平行于应变轴。

3.6.6 单轴压缩流变试验瞬时加载煤体变形模量变化规律

为定量分析煤体蠕变对瞬时加载的应力增量的影响，取一级载荷加载段的直线段的应力增量和应变增量比值作为变形模量(*OA* 段变形模量)，取二、三、四级载荷加载过程的第Ⅱ部分直线段计算变形模量(*AB* 段变形模量)，因五、六、七级载荷加载过程的应力-应变的非线性关系，取其割线模量作为近似加载过程的变形模量(*BC* 段变形模量，*CD* 段变形模量)。各级载荷下对应的变形模量如表 3-8 所示，并将载荷水平与各级加载变形模量关系反映在图 3-24 中。由图 3-24 可知，在不同加载载荷作用下，煤体变形模量有整体增大之势，该结论与一些学者得到的结论类似[8]。这间接反映了煤体的非均质性和非弹性。

表 3-8　单轴压缩流变煤体瞬时加载变形模量

项　目	单轴压缩流变煤体应力-应变曲线分段						
	OA 段	*AB* 段			*BC* 段		*CD* 段
	一级	二级	三级	四级	五级	六级	七级
载荷水平/MPa	0.25	0.50	0.75	1.00	1.25	1.50	1.75
应力增量/MPa	0.089	0.193	0.190	0.159	0.229	0.251	0.221
应变增量/%	0.072	0.139	0.104	0.088	0.078	0.104	0.050
变形模量/MPa	123.61	138.85	182.69	180.68	293.59	241.35	442.00
变形模量平均值/MPa	123.61	167.41			267.47		442.00

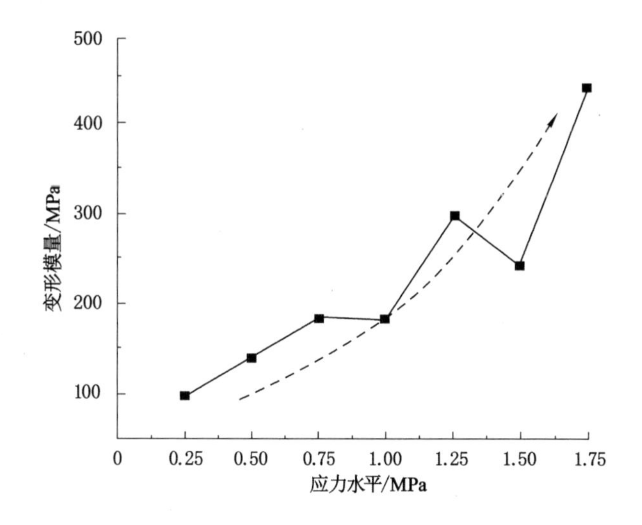

图 3-24　单轴压缩流变试验各级加载瞬时变形模量

进一步地，与常规单轴压缩应力-应变曲线的各个阶段变形模量对比。将常规单轴压缩各个阶段变形模量总结如表 3-9 所示，并取流变应力-应变曲线的分段变形模量平均值对比在图 3-25 中。由图 3-25 可知，煤体在单轴压缩过程中各阶段变形模量先增大后变小，与煤体单轴压缩流变各阶段变形模量变化趋势不同。相似的是在 *OA* 阶段，两者的变形模量相近，因为此时煤体都经历着类似的孔隙裂隙压密调整阶段，变形较大，应力升高不明显。对于单轴压缩试样来讲，弹性变形阶段(*AB* 段)变形模量最大，随着煤体受压由弹性转入塑性变形阶段，应变逐渐变大，而应力升高不明显，因此 *BC* 及 *CD* 段变形模量逐渐减小。对于单轴压缩流变试样而言，因计算瞬时压缩变形模量时并不包含蠕变变形，结果显示单轴压缩流变试样的 *BC* 及 *CD* 段变形模量大于单轴压缩试样的 *BC* 及 *CD* 段变形模量，但是若考虑蠕变变形，流变试样的各阶段变形模量都小于单轴压缩试样的各阶段变形模量。另外，因蠕变变形压密作用，当新的应力作用于煤体时，煤体抵抗瞬时变形能力得到提高，从而导致试样整体瞬时变形模量逐渐增大。需要指出的是，虽然多次蠕变产生蠕变累积损伤，但是在瞬时应力施加过程中，煤体内的孔隙裂隙连通扩展并不及时，变形较小，反而在再次进入蠕变状态时，煤体内的孔隙裂隙充分扩展连通，变形较大，这一点在流变试样的 *BD* 段可以体现(该阶段蠕变应变大于瞬时加载应变)。

表 3-9 常规单轴压缩煤体分段变形模量

项　目	单轴压缩煤体应力-应变曲线分段			
	OA 段	*AB* 段	*BC* 段	*CD* 段
应力增量/MPa	0.244	1.380	0.504	0.272
应变增量/%	0.162	0.480	0.210	0.220
变形模量/MPa	150.60	287.50	240.00	123.60

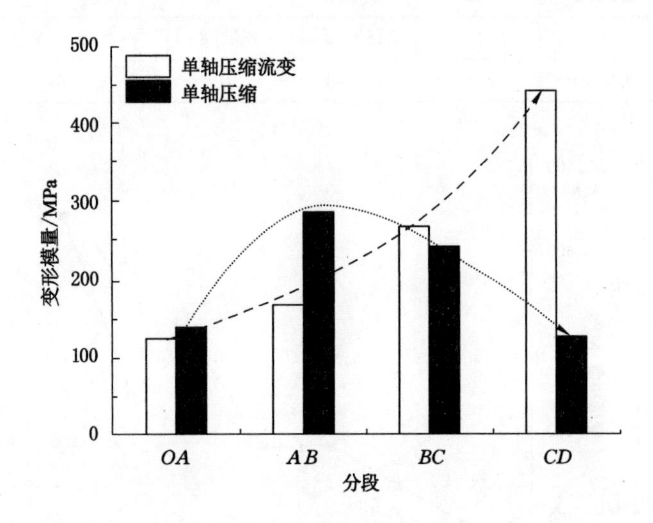

图 3-25　单轴压缩流变与单轴压缩各阶段变形模量对比

4　高压旋喷注浆改性与加固松散煤体机理

高压旋喷技术经过几十年的发展，已由传统的地基加固发展到近水平的隧道预加固，并在隧道修复、隧道顶管掘进方面得到了广泛而成功的应用。高压旋喷技术利用高速射流切削冲刷周围介质（土或砂），形成浆液与待加固介质的混合体，从而形成稳定的支护结构，利于隧道开挖并保持稳定。在煤炭开采及其灾害防治领域，类似的高压射流技术也已经得到应用，如水力割煤、水力冲孔扩孔防突、水力割缝防突等。因此，要在煤层中应用高压旋喷技术，应分析其射流破煤机理。

本章以注浆作为煤体改性的基本手段，借鉴岩土工程领域较为成熟的隧道高压旋喷预注浆技术，提出用于治理松散煤体巷道流变的旋喷加固方法；通过分析高压射流破煤机理、水泥浆液改性松散煤体固结机理及在实验室构建煤浆加固体并对其进行一系列力学性质测定，验证该技术的可行性，为加固松散煤体、抑制煤层巷道流变提供新的尝试和解决思路。

4.1　高压射流破煤机理分析

4.1.1　高压射流的构造及动压力衰减规律

单管高压旋喷注浆所使用的高压喷射水泥浆和多管使用的高压水射流，其射流的结构可以用水射流在空气中的形态来说明。具体高压射流构造如图 4-1 所示，主要包括初期区域、主要区域及终了区域。

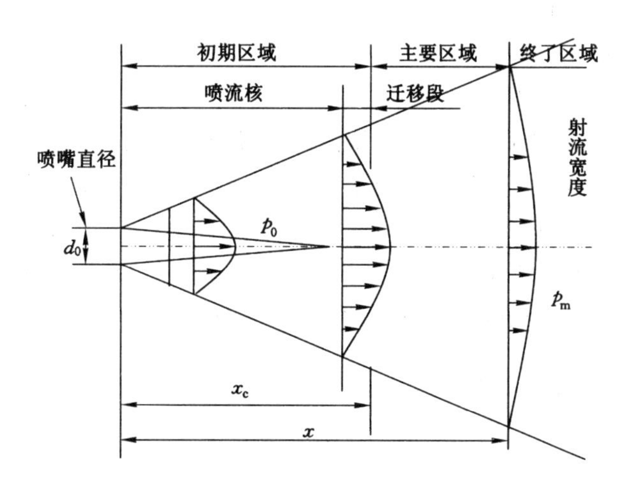

图 4-1　高压射流构造

（1）初期区域，包括喷流核和迁移段，喷流核的轴向动压是常数，出口流速均匀，速度等于喷嘴出口速度，随着距离喷嘴距离的增大，等速核宽度逐渐减小直至消失。初期区域长度是射流的重要参数，决定破碎煤体的主要效果。初期区域在喷嘴末端有一过渡阶段，称为迁移段，此阶段射流的扩散角度稍有增加，轴向动压有所减小。

(2) 主要区域，在此区域轴向动压降低迅速，射流速度进一步减小，但扩散率为常数，扩散宽度与距离的平方根成正比。向煤体喷射时，喷射流与煤粒在本区域搅拌混合。

(3) 终了区域，此区域轴向动压陡然降低，喷射流能量衰竭，喷射成断续流，射流宽度很大，末端呈现雾化状态与空气混合，逐渐消失。

综上，高压旋喷加固的有效长度为初期区域与主要区域长度的和，长度越大，所形成的加固体的直径越大。

高压喷射流在一定的范围内保持较高的速度和动压，但随着距喷嘴距离的增加，射流速度和压力均呈现衰减态势，介质不同，射流的有效射程也不同，例如在空气中喷射时有如下公式：

$$\frac{p_m}{p_0}=\frac{x_c}{x} \tag{4-1}$$

式中 x_c——初期区域的长度，m，根据试验，$x_c=(75\sim100)d_0$（其中，d_0 为喷嘴直径，mm）；

x——射流中心轴上某处距喷嘴的距离，m；

p_0——喷嘴出口压力，kPa；

p_m——射流中心轴上距喷嘴 x 处的压力，kPa。

通常压力为 10～40 MPa 的射流在松软介质中喷射时，压力衰减规律可以总结为：

$$p_m=Kd_0^{0.5}\frac{p_0}{x^n} \tag{4-2}$$

式中 K,n——系数，根据前人试验结果，在空气中喷射时，$K=8.3$，$n=0.2$。

当 $x=300d_0$时，射流一般变为水滴，因此可称该范围为高压射流的有效射程。

4.1.2 高压射流破煤机理

高压射流冲击煤体，其内部的应力状态较为复杂，不仅存在压应力，也存在拉应力和剪应力，同时在这样一种或多种应力作用下，煤体内又会产生裂纹（如径向、锥形以及横向裂纹等）；进一步地，裂纹扩展形成裂隙，当水射流进入裂隙后，在水楔作用下裂隙尖端拉应力集中促进裂隙的发育和相互贯通，最终剥离煤体，使煤体破碎，在一定压力下产生圆柱状破碎坑，如图 4-2 所示。随着钻杆的转动，高压射流会进一步地环向旋转切削周围煤体，初步形成环向切割破碎带；切割破碎带形成后，在高压水射流的动态冲击、水楔和剪切等复合作用下，深度不断增大并达到一个定值，同时随着钻杆的回撤，切割破碎带的宽度也不断增大，最终形成一个远大于钻孔的破碎圆柱带。上述过程涉及的具体高压射流破煤机理阐释如下。

(1) 剪切破煤

在高压射流接触煤体的瞬间，煤体径向和切向均呈受压状态，此时可采用莫尔-库仑准则对煤体单元进行强度判别，符合该强度准则时，则认为此时破坏主要是剪切破坏。具体的剪切破坏强度准则为：

$$|\tau|=C+\sigma\tan\varphi \tag{4-3}$$

式中 τ——煤体剪切面上的剪应力，MPa；

C——煤体的内聚力，MPa；

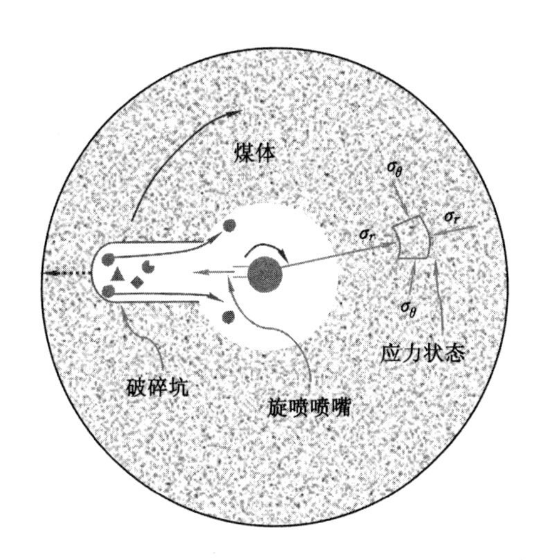

图 4-2 旋喷所导致的煤体破碎坑及煤体内一点应力状态示意图

σ——煤体剪切面上的正应力,MPa;

φ——煤体的内摩擦角,(°)。

进一步地分析,以射流的冲击点为中心,建立极坐标系,以煤体单元的径向和切向为坐标轴线,则径向应力 σ_r,以及切向应力 σ_θ 分别为最大最小主应力,如图 4-3 所示。在高压射流冲击接触煤体的瞬间产生最大的径向和切向应力,与此同时一般对应着最大的莫尔应力圆(如图 4-3 中的莫尔应力圆 A)。随着冲击的不断进行,深度不断增大,由上述动压衰减规律可知,作用在煤体上的径向及切向应力不断减小,对应的莫尔应力圆也不断减小。同时根据径向应力衰减速度大于切向应力衰减速度的规律,莫尔应力圆的圆心不断左移,如图 4-3 所示莫尔应力圆 B、C 的变化,此时煤体单元在压应力状态下不一定破坏。综上,在射流冲击煤体的瞬间及距离煤体较近时,煤体最易产生破坏。

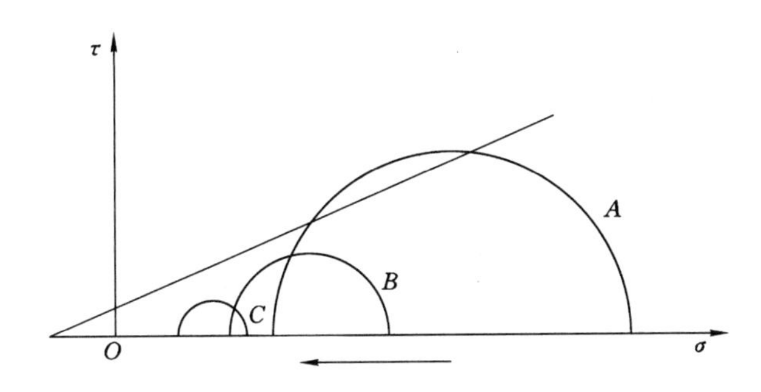

图 4-3 不同位置初始时刻的莫尔应力圆

(2) 拉伸破煤

由上所述,煤体受高压射流冲击后,不仅在冲击边界接触区产生拉应力,随着冲击的推移,煤体内的径向应力和切向应力也都将转化为拉应力,当拉应力超过煤体的抗拉强度时,煤体产生拉伸破坏,即

$$\sigma_{\max} \geqslant \sigma_t \tag{4-4}$$

另外,需要注意,在射流的冲击应力作用下,尤其当应力超过煤体强度时,水楔作用明

显。当射流进入裂纹或者煤体自身存在裂隙时，流体与煤体内在裂隙流体间会产生瞬时的强大压差，使裂纹在拉应力作用下扩展延伸，并相互贯通，从而造成煤体破坏。

(3) 内损伤破煤

众所周知，煤体是具有多孔隙裂隙的结构，高压射流冲击动载首先使煤体微裂纹发生扩展，而在射流的静态压力作用下，微裂纹会发生二次扩展。此时，将微裂纹看作处于单向拉应力状态，有 $\sigma_1 = \sigma_3 = 0$，$\sigma_2 = \sigma > 0$（受拉），以下定义微裂纹扩展时所需要的临界应力：

$$\sigma = \sigma_c' = \sqrt{\frac{\pi}{4a_0}} K_{IC} \tag{4-5}$$

式中 σ_c' ——微裂纹发生扩展时的临界应力；

a_0 ——初始微裂纹半径；

K_{IC} ——煤体断裂因子的临界值。

由上述分析可知，当应力大于临界应力时，微裂纹发生扩展并逐渐受到损伤，受此影响，在微裂纹尖端多个部位将进一步发生扩展。定义微裂纹尖端的损伤局部化长度：

$$l = c\left[1 - \cos\left(\frac{\pi\sigma_w}{2\sigma_u}\right)\right] \tag{4-6}$$

式中 σ_w——射流的准静态拉应力；

σ_u——损伤局部化带内煤体抗拉强度；

l——微裂纹尖端扩展损伤局部化长度；

c——微裂纹扩展后总长度。

设微裂纹具有统计平均半径 a_u，将 $c = a_u + l$ 代入式(4-6)得：

$$l = \frac{\eta}{1-\eta} a_u, c = \frac{1}{1-\eta} a_u \tag{4-7}$$

其中，$\eta = 1 - \cos\left(\frac{\pi\sigma_w}{2\sigma_u}\right)$。

在高压射流破煤过程中，以作用在初期的冲击动载对煤体的剪切拉伸破坏为主，后期的准静态压力对煤体的损伤十分有限。

综合煤体的受剪切、拉伸及内部损伤破坏机理，可以将高压射流破煤的过程描述如下：在射流接触煤体短时间内，受射流冲击范围的周围产生拉和剪作用力，由于煤体的抗拉抗剪强度远低于抗压强度，煤体出现剪切和拉伸裂纹，表面产生局部环形碎裂带；随着射流的继续冲击，煤体内受拉剪作用产生大量的裂纹并扩展和贯通形成裂隙，射流进入裂隙，在水楔作用下裂隙逐渐变大并开裂，最终导致煤体的剥落和破碎。

4.2 高压射流在煤体中扩孔范围及影响因素分析

由高压射流破煤过程分析可知，旋喷的关键在于煤体的破坏深度即切割深度。同时，分析认为在高压射流破煤过程中以剪切拉伸破坏为主，所以高压射流破煤的扩孔范围及关键因素可以通过以剪切拉伸破坏为主的切割理论确定。现有的煤岩切割理论均通过试验得到，实用性较强，但也不可避免地存在局限性。以下重点分析较为公认的 Crow 岩石切割理论，并将其作为高压射流切割煤体深度的判据，具体计算公式如下：

$$h=\frac{J(p-p_c)}{\tau_0}d_0F(v/v_e) \tag{4-8}$$

式中　h——切割深度，mm；

J——横向移动次数；

p——射流压力，MPa；

p_c——临界射流压力，MPa；

τ_0——岩石的剪切强度，MPa；

d_0——喷嘴直径，mm；

v——平移移动速度，m/s；

v_e——理论移动速度，m/s。

该理论认为射流是平移切割的，而高压旋喷射流是随着钻杆一起转动的，对钻孔周围煤体进行旋转切割破碎。因此在上述分析基础上，将式(4-8)中的平移移动速度转化为与钻杆转速和靶距相关的等效平移速度 v'：

$$v'=\frac{n\pi r}{30} \tag{4-9}$$

式中　n——钻杆转速，r/min；

r——射流的初始靶距，m。

将式(4-9)代入式(4-8)，并转换为基于 Crow 岩石切割理论的高压射流旋喷切割煤体的深度判别公式：

$$H=\frac{J'(p-p_c)}{\tau}d_0F\left(\frac{n\pi r}{30v_e}\right) \tag{4-10}$$

式中　H——高压旋喷射流在煤体中的切割深度，mm；

J'——旋喷旋转次数；

τ——煤体的剪切强度，MPa。

综上所述，影响高压旋喷射流在煤体中切割深度的因素主要为煤体剪切强度、射流压力、喷嘴直径、钻杆转速及切割时间等。一般地，应提高旋喷射流压力，使射流具有足够的能量来冲击破坏煤体；当射流压力大于煤体的临界射流压力时，压力越高、流速越快，破坏力越大，切削及搅拌的煤体范围越大。

但实践表明，在喷嘴一定的条件下，喷嘴压力过高，容易导致射流物化严重，破坏力反而降低，压力与喷嘴之间有一个最佳配合区间。钻杆转速分为旋转速度和回撤速度，旋转及回撤速度越小，对煤体的破坏越持久，破坏的范围随之变大，但为保证旋喷成桩效率以及避免水垫效应，钻杆速度要控制在一定范围内。煤体在射流压力作用下是否破坏，与煤体的抗剪强度息息相关。煤体抗剪能力越强，旋喷切割能力相对越弱，煤体的破坏范围就相对较小；若煤体松散较软，则旋喷破坏范围大，成桩直径大。

4.3　高压旋喷注浆成桩(柱)及改性固结机理

4.3.1　高压旋喷注浆成桩作用

在松散煤体中高压旋喷时，高压射流边旋转边回撤，对周围的煤体进行切削破坏，切割下来的部分煤颗粒被浆液置换，并被浆液携带到孔口(返浆)，其余的煤颗粒在喷射动压、离心力等共同作用下，重新分布经凝固后，形成一种新的强度和刚度较高的煤浆固结体柱状结构，如图 4-4 所示。其中，水泥浆液固结和压缩渗透部分只占整体的一小部分，大部分为煤浆固结体。高压旋喷煤体形成煤浆桩可以用以下五种作用来解释。

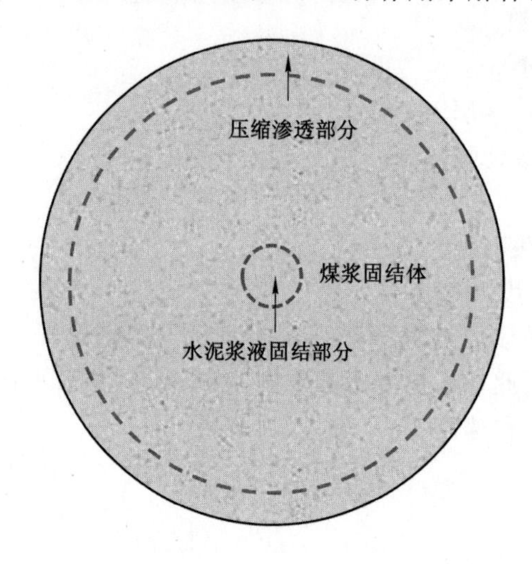

图 4-4　旋喷加固煤体断面结构示意图

(1) 切割破坏作用。由高压射流破煤机理可知，射流连续冲击煤体，造成煤体的破裂及碎化；同时由于存在射流边界对周围煤体的卷吸作用，煤体的破坏范围增加。

(2) 混合搅拌作用。钻杆在旋转与回撤过程中，在射流后面形成空隙，在射流压力的作用下，碎裂的煤颗粒向与喷嘴移动相反的方向(即阻力较小的方向)移动，从而促使切削破坏的煤体与水泥浆液混合形成新的混合体结构物。

(3) 置换作用。喷射注浆时，一部分煤颗粒随着孔口返浆排出注浆孔，煤颗粒排出后其原来的空间由注入的水泥浆液置换补充。

(4) 充填、渗透固结作用。高压旋喷浆液将充填破坏的空间和原有的煤体孔隙，还可以渗入煤体一定深度，提高周围煤体的强度，而后整体固结成型。

(5) 压密作用。高压旋喷射流在切割破碎煤体过程中，在煤体破碎带边缘仍有剩余压力(射流喷射终了区域的挤压力)，这种压力对周围煤体产生一定的压密作用。

4.3.2　高压旋喷注浆改性固结机理

由上述分析可知，一般旋喷注浆采用水泥浆作为硬化剂，主要是由于水泥浆具有成本低、固结强度高等优点。另外，为改善其凝固时间和强度特性，可以添加些具有速凝或高强作用的外加剂，如水玻璃、氯化钙、硅粉等。在岩土工程领域，高压旋喷注浆改性土体，可以获得较高的强度及防渗能力等，这一点已经得到广泛的证实。而在煤体中的高压旋喷改性，仍需要试验探索，本部分重点分析旋喷水泥浆对煤体的改性作用。

(1) 水泥的化学反应过程

水泥作为改变煤体物理力学性质的主要载体，在煤体高压旋喷注浆过程中主要涉及以下几方面：水解、水化、凝结与硬化。具体地，硅酸盐水泥在加水后，很快形成氢氧化钠饱和溶液，同时水泥中的硅酸三钙是不稳定成分，进入溶液后很快水解成水化硅酸钙和氢氧化钙，其中水化硅酸钙为不溶物沉淀出来，氢氧化钙从过饱和的溶液中结晶析出。进一步地，水化硅酸钙以凝胶形式沉积在水泥颗粒表面及毛细管孔隙内，一般用 C-S-H 凝胶表示。初始阶段水化反应迅速，各种水化产物的溶解度都很小，逐渐地在水泥颗粒周围析出胶体和结晶。随着时间的推移，水化反应继续进行，包裹于水泥颗粒表面的水化物膜层逐渐增厚，减缓了水化速度，并逐渐形成膜层内外水化产物浓度差，产生渗透压，最终导致膜层破裂，膜层破裂后，水化反应继续进行，并形成新的膜层。这样水泥凝胶膜层的增厚、破裂及扩展使水的体积逐渐减小，而包有凝胶的颗粒逐渐接近至接触并以分子键相连，慢慢构成疏松的网状结构，这种结构的存在使得水泥浆液的流动性逐渐降低，失去塑性，产生凝结。水化产物进一步增多并扩展到颗粒间的孔隙中，浆体进入硬化阶段形成强度。

（2）旋喷水泥浆对煤的加固作用

由上述的水泥的遇水化学反应过程可知，水泥的水化及硬化是复杂和缓慢的过程。旋喷时，水泥浆射流对煤体切削破碎，部分煤颗粒被水泥浆液置换，在水泥浆射流旋转过程中，煤颗粒充分混合搅拌，煤颗粒间的空隙及煤粒的孔隙被水泥浆填满，而水泥、煤颗粒将发生一系列的水解、水化、凝结及硬化过程，在煤颗粒周围形成各式的水化物结晶，结晶体不断生长、扩展延伸，与煤颗粒间相互搭接、交织并将煤颗粒分割裹挟于这些水泥骨架中。随着水泥水化和硬化过程的深入，煤体被逐渐挤密，自由水也逐渐减少消失，形成一种水泥-煤骨架结构。旋喷水泥浆加固煤体就是以上水泥浆中的煤颗粒、水化物结晶体及凝胶体相互包围渗透、逐渐形成稳定的水泥-煤结构并随着水泥的硬化形成强度的过程。当然以上过程基于煤的主要成分为有机质碳，不与水泥产生反应；当煤中含有黏土矿物时，比如煤体含有高岭土成分，水泥也会和这类有活性的黏土颗粒发生反应，通过离子的团粒化作用形成稳定的结晶化合物，进一步提高煤浆固结体强度。

综上所述，经过水泥浆旋喷加固的煤体与正常煤体相比在结构上完全不同，前者是具有水泥骨架强黏结作用下的水泥-煤结构，而后者存在松散煤颗粒间的较小的物理结合力；另外，在物理性质上煤浆固结体比煤体有更大的密度、更小的孔隙率、更小的渗透性等；在力学性质上，由于水泥水化产物将煤颗粒紧密地黏结在一起，与煤体相比，煤浆固结体具有更高的抗剪能力、内聚力、抗压强度和弹性模量等。这说明旋喷水泥浆对松散煤体改性是明显的。

4.4　煤浆固结体物理力学性质测试

4.4.1　煤与浆比例的确定

实验室内构建的煤浆混合物要尽可能地与现场接近，因此应该确定所用的煤与水泥浆液的比例。图 4-5 说明了煤体在旋喷前和旋喷后的状态。具体地，旋喷前，钻杆先行钻出一个半径为 r 的旋喷孔，煤渣被排出；旋喷后，在射流的冲击切割范围内（现场测定大约为 400 mm），煤与浆液混合，此时认为水泥浆液完全填充了松散煤体的孔隙空隙。同时需要注意的是，在大流量的浆液冲刷和置换煤颗粒过程中，部分煤不可避免地被排出，这类似于旋喷土层时土颗粒由浆液置换而上浮排出，一般认为煤体损失率为 10%～30%，剩下的煤颗粒将完全与水泥胶结在一起。取单位长度作为研究对象，因此有如下计算公式。

$$n_a = \frac{\pi R^2 - \{\pi R^2 - [\pi r^2 + n_b(\pi R^2 - \pi r^2)]\}\eta}{\pi R^2} \tag{4-11}$$

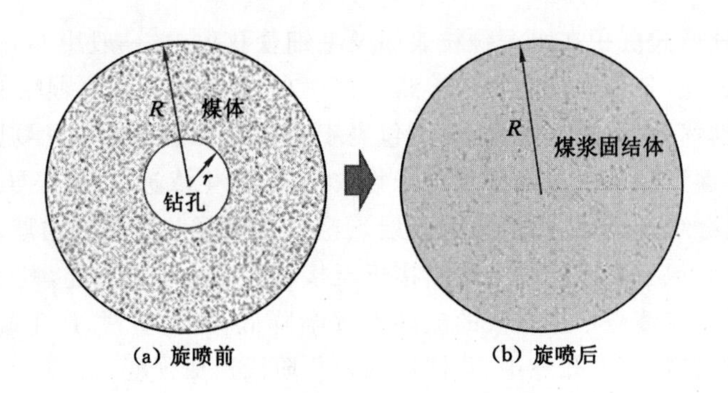

图 4-5　煤浆固结体形成前后示意图

式中　n_a——旋喷切割后煤体等效孔隙率,%;

R——最大旋喷直径,m;

r——钻孔直径,m;

n_b——旋喷前煤体孔隙率,%;

η——煤体损失率,%。

当旋喷切割后煤体等效孔隙率确定后,设所有孔隙均由浆液填充,则所需的浆液的质量为:

$$M_g = \pi R^2 n_a \rho_g \tag{4-12}$$

式中　M_g——浆液质量,kg;

ρ_g——水泥浆液密度,kg/m³。

鉴于现场试验的经验总结,此次试验优化了水泥型号及水灰比。室内试验采用强度等级为 42.5 的水泥,水灰比为 0.7,同时加入 2%(质量分数)的速凝剂氯化钙以加速水泥的凝结,为提高抗压强度又加入 6%的硅粉。因此取混合水泥浆液的密度为 1 700 kg/m³。

除孔隙空隙外,所剩余的为破碎煤颗粒,所以煤的质量为:

$$M_c = \pi R^2 (1 - n_a) \rho_c \tag{4-13}$$

式中　M_c——煤的质量,kg;

ρ_c——煤密度,kg/m³,此处为煤的视密度,取实测值 1 430 kg/m³。

因此,煤浆比为:

$$M_c : M_g = \frac{(1 - n_a)\rho_c}{n_a \rho_g} \tag{4-14}$$

根据现场经验,旋喷半径取 0.2 m,钻孔半径取 0.075 m,煤体孔隙率取实测值9.8%,煤体损失率取 20%,经过计算煤浆比为 1.33,实际试验时,取值 1.3。

4.4.2　煤浆混合物的设计及坍落度测试

首先按照构建等效煤体时所取用的煤粒组比例,细粒组∶中粒组∶粗粒组为 5∶3∶2,等效配制原煤。这样一方面可以保证所选用的煤粒分布均匀,避免成型煤浆波动性较大;另一方面可以模拟高压下射流切割击碎煤体所形成的煤颗粒,是一种等效的构建方法。再根据实验室内确定的水灰比 0.7 及所添加的外加剂比例,将水泥浆液混合均匀。然后根据前述所确定的煤浆比 1.3,称取按比例混合好的煤粒,将煤粒缓慢倒入搅拌盆中,高速搅拌,最终形成煤浆混合物。具体流程如图 4-6 所示。

图 4-6 实验室制作煤浆混合物流程示意

现场试验表明，流动性对煤浆混合物是否能够形成均匀的桩体至关重要，若流动性较大，则煤浆混合物会通过钻孔流出煤体，不利于煤浆固结体成型。因此，煤浆混合物制作完成后，应进行坍落度的测定，它反映的是拌合物的流动性，可以直观地反映其黏聚性和保水性。按照图 4-7 中所示步骤，先将制作好的煤浆混合物分三次装填入坍落筒内，并通过敲击捣实等工序抹平，然后拔起筒，测量坍落的高度。经实际测量，煤浆混合物的坍落度集中在 30～50 mm，属于低塑性混合物，流动性较小，符合现场实际应用要求。

图 4-7 煤浆混合物坍落度测试

4.4.3 水泥浆液对煤体的改性分析

为观察煤与水泥浆液在微观层次的黏结状态和存在形式，待煤浆混合物凝固后，取小试样进行表面形态电镜扫描和能谱分析。如图 4-8 所示，从图中可以清晰地看到水泥水化产物将煤颗粒紧紧地包围裹挟在一起，黏结状态良好，形成稳定的水泥-煤骨架结构，从根本上改变了煤体的结构。具体地，大量的水泥结晶物生长并延伸充填煤颗粒间空隙，形成蜂窝状构造，煤颗粒被包围挤密，形成密簇构造。较大的煤颗粒呈现较深黑色，水泥基体呈现灰白色，较为致密，可以肉眼观测，而部分煤颗粒由于粒径较小，通过图片方式难以观测，因此进一步对其进行能谱分析，确定相关部位的元素。

图 4-8 煤浆固结体扫描电镜观测结果

由能谱分析可知，扫描电镜图中较大的黑色部位元素多为 C，说明为较大煤颗粒。而其他部位分散着 Al，Si，Mg，Fe 等元素，这些都是水泥和外加剂硅粉的主要组成元素，进一步说明这部分为水泥基体，验证了之前的判断。同时应该注意到，在水泥基体中也有一些分散的较小的煤粉，在能谱图中呈绿色的点，分散较为均匀，这说明较小的煤粉已经成为水泥基体中的一部分，这部分将影响水泥基体的力学性质。据此可以推断煤浆固结体在宏观上呈现的力学性质如强度性质等，与常规的混凝土将不完全一样。若将煤颗粒看作相对砂粒较弱的骨料，那么宏观上，其强度低于混凝土；同时，煤的延展性优于砂或石粒，因此宏观上煤浆混合物的延塑性将优于混凝土，煤浆混合物可以承受较大的应变。

实际试验结果也证实了上述分析，如图 4-9(a)所示的煤浆固结体的单轴压缩应力-应变曲线。与混凝土试验结果[图 4-9(b)]相比，煤浆固结体具有较好的峰前延展特性，不产生脆性破坏，峰值强度虽低于实测混凝土，但该固结体具有极佳的峰后残余强度且具有强度随应变增加而缓慢降低的优异特性，这一点与混凝土截然不同，这为解决巷道的大变形问题提供了材料的变形协调空间。煤浆固结体也具有破坏的五阶段特点（图中的 O_1A_1，A_1B_1，B_1C_1，C_1D_1，D_1E_1），但相对煤体而言，煤浆固结体的压密阶段应变及破坏前的大应变减小，弹性模量以及峰值强度和峰后残余强度明显提高。总体上，从力学性质角度来看，水泥浆液对松散煤体的改性明显。

综上，从微观角度分析了煤浆固结体的黏结状态，从宏观角度分析了其应力-应变关

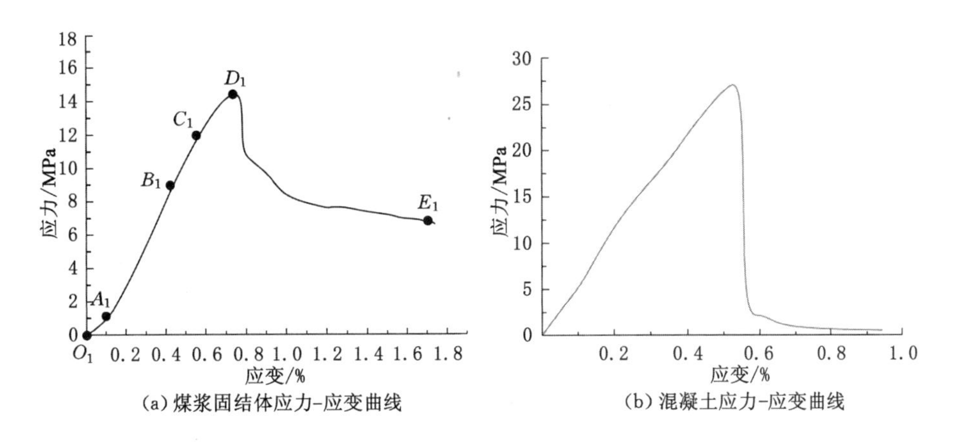

图 4-9　典型的煤浆固结体与混凝土应力-应变实测曲线

系，认为该材料在强度上会略低于混凝土，而在延展性和残余强度方面优于混凝土。相对松软煤体，煤浆固结体改性明显，是一种性能较为优异的复合材料。

4.5　煤浆固结体力学参数确定的试验研究

在工程实践中，多个旋喷桩叠合固结起来可以形成稳定的拱形支护结构，可以在开挖前提高软煤体的抗剪强度，并在开挖后抵抗周围的应力。因此，有必要对煤浆固结体的强度特性进行研究。根据现场测定，一般的旋喷孔径为 400 mm，由于该尺寸的旋喷桩对于实验室尺度来讲相对较大，常规的试验机受到空间及量程的限制，很难对该尺寸的试样进行试验。考虑尺寸效应广泛存在于混凝土、岩石、岩土材料等非均质材料中，同样由不同材料（即煤颗粒和水泥颗粒）制成的煤浆固结体也受到尺寸效应的影响，为了深入了解煤浆固结体的尺寸效应，为后续数值模拟选择合理的参数，在实验室构建了尺寸（边长）为 50 mm、100 mm、150 mm、200 mm 标准立方体试样（图 4-10）。在实验室进行了一系列的剪切试验和单轴压缩试验，以评价煤浆固结体的力学性能。采用直剪试验机，在剪切试验期间，控制法向加载速率为 0.05 kN/s，直至达到所需的法向应力水平，然后以 0.05 mm/s 的加载速率加载。表 4-1 给出了设计的剪切试验方案。对于试样的压缩试

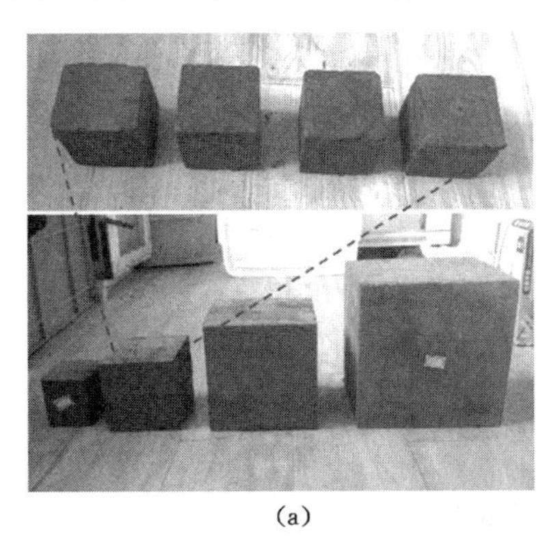

(a)

(b)

图 4-10　试样设计及相关试验仪器

验，采用压缩试验机（MTS-C64 型）以 0.5 mm/min 的加载速率进行加载，直至压缩破坏为止。另外，也对煤浆固结体的蠕变特性进行了相关试验。

表 4-1　直剪试验方案

试样尺寸（立方体边长）/mm	编号	法向载荷/MPa	加载速率/(mm/s)
50	50-1	2	0.05
	50-2	3	
	50-3	5	
	50-4	7	
100	100-1	2	
	100-2	3	
	100-3	5	
	100-4	7	
150	150-1	2	
	150-2	3	
	150-3	5	
	150-4	7	
200	200-1	2	
	200-2	3	
	200-3	5	
	200-4	7	

4.5.1　煤浆固结体的蠕变试验结果

通过蠕变试验，得到了煤浆固结体的蠕变特性曲线，见图 4-11。由图 4-11 可以明显看出，在相对较小的应力水平下（小于 6.5 MPa），该材料具有明显的瞬时变形，随后伴有极不明显的减速蠕变阶段，不具有等速蠕变及加速蠕变阶段。需要指出的是，虽然部分试验曲线

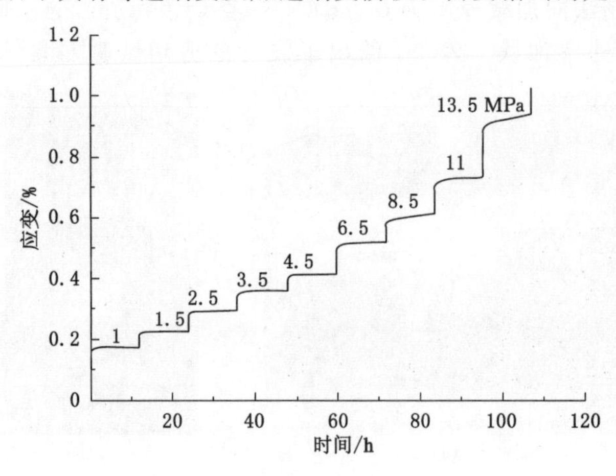

图 4-11　煤浆固结体蠕变全过程曲线

显示出该材料具有减速蠕变阶段，但是从数据细致分析看来，该减速蠕变阶段主要是试验机施加长期载荷时的波动所致，相对较大的瞬时变形，在较小的应力水平下，该材料的减速蠕变阶段可以忽略。当应力水平较高时(大于 8.5 MPa)，煤浆固结体已进入塑性阶段，该材料显现出较为明显的瞬时变形、减速及等速蠕变变形，具有蠕变性质。应力再升高时，煤浆固结体发生加载过程中的塑性破坏。

综上认为，相对松散煤体在较小的应力水平下(0.15 MPa)就发生明显蠕变现象，煤浆固结体具有不同的蠕变特性：一是蠕变起始应力阈值高，可认为应力达 8.5 MPa 时煤浆固结体才产生蠕变现象；二是蠕变破坏应变远小于煤体蠕变破坏应变。所以可以认为，水泥浆液对松散煤体的蠕变性质改性明显，提高了煤体的抗蠕变性能，减小了其蠕变变形。因此，当煤体中存在煤浆固结体时，可以认为煤体是发生蠕变的主要载体，而该复合材料由于蠕变起始应力阈值高及总变形量较小，仅发生弹塑性变形。这虽然是对问题的简化，但考虑两者的蠕变性能的巨大差异，该简化是处于合理范围内的。

4.5.2　煤浆固结体的内聚力和内摩擦角

将不同尺寸的试样直剪试验得到的结果，分列于由切向应力和法向应力构成的坐标系内，见图 4-12，并通过莫尔-库仑准则拟合，准则如式(4-15)所示。图中实线为拟合曲线，拟合的相关系数 R 都大于 0.98，这说明煤浆固结体的破坏很好地遵循莫尔-库仑准则。具体的内聚力、内摩擦角计算结果见表 4-2。

$$\tau = \sigma \tan \varphi + C \tag{4-15}$$

式中，τ，φ，C 和 σ 分别是峰值切向应力、内摩擦角、内聚力和法向应力。

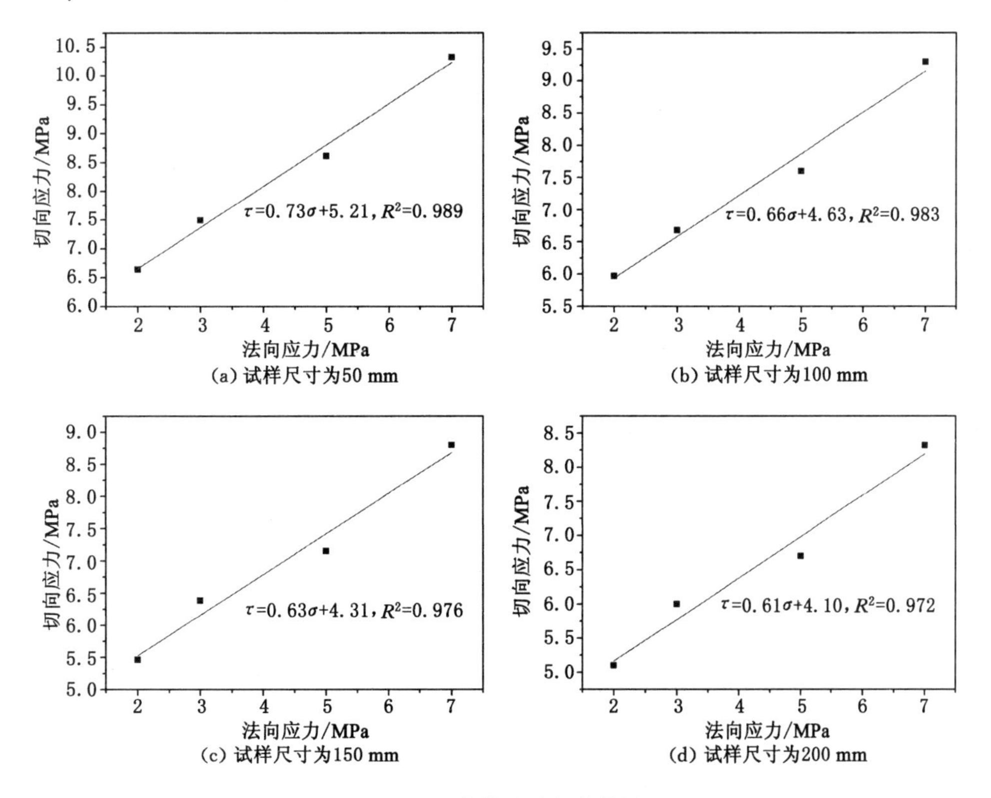

图 4-12　直剪试验拟合结果

表 4-2 不同尺寸试样的内聚力和内摩擦角计算结果

试样尺寸(立方体边长)/mm	内聚力/MPa	内摩擦角/(°)
50	5.21	36.1
100	4.63	33.4
150	4.31	32.3
200	4.10	31.4

4.5.3 煤浆固结体力学强度参数的尺寸效应

为了直观地显示煤浆固结体的尺寸效应，通过上述试验获得了典型的力学强度参数，如内聚力、内摩擦角、变形模量和单轴抗压强度，具体试样破坏如图 4-13 所示，结果绘制在图 4-14中。结果表明，试样尺寸对煤浆固结体的力学强度参数有不利影响。试验结果与经验和相关文献一致，其中较大的试样强度较低。随着试样尺寸的增大，这些参数逐渐减小。根据研究中的建议，采用函数 $y = a + bx^c$ 拟合内聚力和内摩擦角的试验数据(图 4-14)。该拟合的相关系数 R 均大于 0.99，表明该函数具有较高的拟合精度。根据煤浆固结体的变形模量和单轴抗压强度，试样尺寸与两个强度指标之间可采用幂函数($y = bx^c$) 拟合。且拟合的相关系数 R 均大于 0.99，表明该函数与试验结果吻合良好。拟合的具体结果见表 4-3。

(a) 单轴压缩试验

(b) 直剪试验

图 4-13 典型的单轴压缩及直剪试验的试样破坏形式

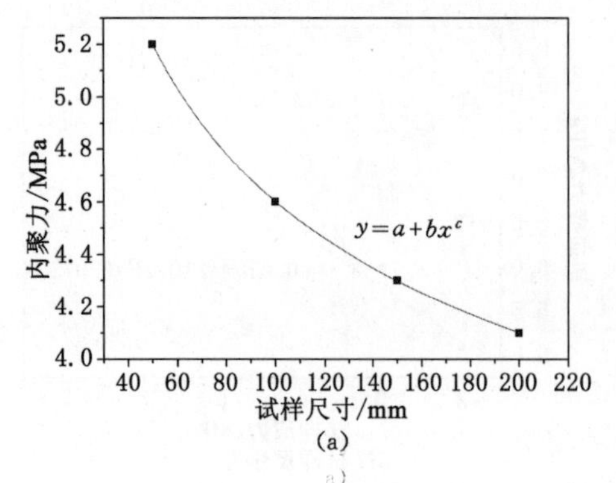

(a)

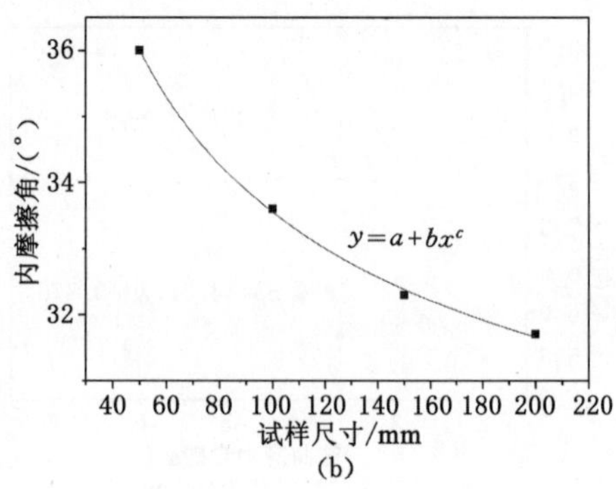

(b)

图 4-14 煤浆固结体的尺寸效应

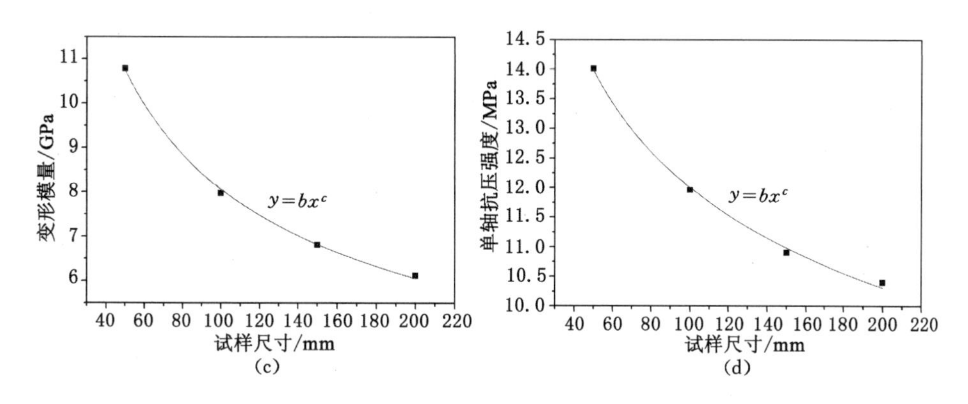

图 4-14(续)

表 4-3　拟合公式及相应的拟合系数

拟合公式	力学参数	拟合系数			R^2
		a	b	c	
$y=a+bx^c$	内聚力/MPa	1.55	10.03	−0.256	0.997
	内摩擦角/(°)	25.33	46.74	−0.377	0.994
$y=bx^c$	变形模量/GPa	—	54.22	−0.413	0.996
	单轴抗压强度/MPa	—	33.02	−0.219	0.998

在实践中,旋喷桩的直径取决于喷射注浆压力、煤体条件、回撤速度等。现场试验结果显示,一般软质煤体的旋喷桩直径为 400～600 mm,多数集中在 400 mm 左右,若增大旋喷压力,该直径将进一步增大。因此,在本研究中,选取典型直径为 400 mm 的煤浆旋喷桩作进一步的分析。根据所建立的经验公式和表 4-3 中相应的拟合系数,可以合理地推导出较大尺寸的煤浆固结体的力学参数,结果汇总在表 4-4 中。值得一提的是,根据喷浆材料的试验结果,确定煤浆固结体的抗拉强度为单轴抗压强度的 30%,与岩石材料的 1/10 不同。泊松比的测试结果在 0.21～0.26 之间变化,规律性较差,本研究将其设为 0.24。

表 4-4　更大尺寸的煤浆固结体的力学参数计算结果

旋喷桩尺寸/mm	内聚力/MPa	内摩擦角/(°)	变形模量/GPa	单轴抗压强度/MPa	抗拉强度/MPa	泊松比
400	3.71	30.2	4.56	8.88	2.64	0.24
600	3.50	29.5	3.86	8.13	2.44	0.24

5 煤巷旋喷加固数值模拟研究

本章在实验室测试基础上提出以旋喷加固技术为主的松散煤体流变巷道的综合控制技术，并通过旋喷加固方案设计、数值模拟等手段来探索该技术对于流变巷道的治理效果，进而根据巷道的变形、应力及塑性区分布特点分析旋喷加固机理，同时进一步优化所提出的旋喷加固松散煤体的方案。本章所研究内容可以看作旋喷加固技术在极软煤层巷道应用的积极探索。

5.1 高压旋喷加固技术方案初步设计

本节重点分析和设计含有旋喷桩的煤层巷道的控制方案，验证该加固方案的应用可行性。同时注意到，关系到安全及效益，对于煤巷来讲，设计一个较新的支护方案需要前期的反复验算、类比、对比等才能付诸实践。所以在实验室所得试验结果和现场旋喷试验得到的经验参数的基础上，采用较为成熟的数值模拟来设计、优化并验证旋喷注浆加固流变煤体的技术方案。

5.1.1 设计思路

确定一个合理有效的巷道变形控制技术方案，要分析软煤层巷道变形破坏的原因或机理。根据前述对深部松散煤体巷道流变变形的研究来看，其原因主要有两方面：① 松散软煤的低强度强流变性质是巷道大变形的主要原因，自身的“弱、散、软”的特性决定了其承载能力不足的本质属性。② 未及时的被动棚式支护是该问题的次要原因，该支护难以及时有效地限制巷道变形，煤体过度松弛进一步恶化了其承载能力。

以上两方面原因直接导致的就是巷道的大流变。对现场巷道流变变形特性的分析结果表明，巷道的流变主要包括两方面：一方面是巷道浅表煤体的塑性加速流变变形；另一方面是巷道深部煤体的长时流变变形。这两方面综合作用体现到监测数据上呈现巷道初期急剧的减速大流变，后期等速大流变。因此认为，若能有效地控制巷道浅表的松散破碎煤体的大流变变形，在一定限制下允许深部煤体的较小的缓慢蠕变，那么松散煤体巷道的大变形现象将得到有效控制。类似的案例可以参考巷道护表金属网的效果，巷道表面加与不加护表金属网，巷道的变形差异十分明显，有时可以达到近几十厘米的差异，这也从侧面反映，控制浅表的破碎煤体对抑制巷道大变形极为关键。

由此想到，若能控制浅表松散破碎煤体（浅表注浆、加护表金属网等都是途径，前者注浆时机及效果不易把握，后者控制效果的确有限），或者从根本上消除这种松散破碎煤体，那么巷道变形将得到极大的改善。也正是基于上述分析，结合超前旋喷注浆改性松散煤体的优势，提出了预先置换所谓的开挖后以破碎塑性大流变状态存在的浅表煤体，取而代之的是通过煤体改性获得的强度更高、完整性更好的煤浆固结体，它将作为开挖后的“浅表煤体替代物”，也作为巷道的支护结构，具有双重属性和作用。

5.1.2　设计原则

从保障松散煤体巷道安全及控制成本角度来讲，水平旋喷注浆加固及相应支护结构设计应该遵循以下原则：

（1）保证巷道旋喷预加固及支护后保持稳定，不需要返修，特殊情况可以考虑局部补强加固。

（2）要明显控制流变变形，减小初期大变形，保证旋喷桩及其他支护结构稳定。

（3）明显减少附加支护，如锚杆数量、U形棚架数等。

（4）将旋喷桩与其他支护耦合作用，形成完整的支护体系，增大整体支护结构的承载能力。

（5）对于由旋喷预加固技术引起的新的状况，需要及时修正支护方案，必要时采取补强措施。

5.1.3　控制方案

基于上述提出的旋喷加固松散煤体的设计理念及原则，按照新奥法施工原理：巷道开挖后应最大限度维持围岩的自身承载能力，同时允许并控制一定变形。因此，控制方案主要体现在三方面：① 开挖前替换浅表的部分煤体；② 调动深部煤体，使其发挥自身承载能力；③ 限制深部煤体过度松弛而丧失或大大降低承载能力。根据水泥浆改性松散煤体的物理力学性质，旋喷加固后的煤体强度明显提高，流变性质不明显，同时具有较好的变形能力。这说明该种加固体不仅具有较强的抵抗破坏和抗流变能力，更具有刚性支护的特点和柔性支护的让压特性，可避免脆性失稳破坏。

综上，借鉴新奥法施工原理的要点，结合煤浆固结体优良的特性，提出：以旋喷形成的煤浆固结体替换浅表煤体，并将其作为主要支护结构，这样不仅可以减小巷道开挖初期的剧烈流变，也可以在巷道开挖前预先对深部松软煤体形成及时支护，极大地降低煤体丧失自身承载能力的风险，相当于最为及时有效的主动支护，从而最大限度维护巷道开挖后煤体的自身稳定性；同时该支护结构具有良好的变形特性即让压特性，可以让掉巷道的一部分不可控变形，并在其控制下缓慢卸压；在巷道开挖后辅以喷射混凝土进一步封闭旋喷桩，待旋喷桩壁面平整圆顺后加以大排距的U形棚强化支护，必要时再喷射一层混凝土或加装锚杆索，保证巷道长期稳定性；若该方案引起新的问题，须及时优化调整。因此，以旋喷预加固技术为核心，以喷射混凝土及U形棚为辅的治理松散煤体巷道大流变的支护断面设计见图5-1。

5.1.4　关键技术分析

（1）水平旋喷施工工法的精确控制关系形成较为稳固完整的预支护拱棚，体现在上倾角度、搭接位置以及桩体的空间分布等方面。在煤层巷道预加固工程中，旋喷桩的倾角不易过大，倾角太大，桩体超前控制范围变小，失去预支护能力；要确保搭接位置准确，否则易造成断搭接或过搭接现象，从而使控制效果降低。由于旋喷桩长度较长，在钻杆给进上要一致，避免窜桩等现象。

（2）孔口溢流控制。由于近水平旋喷桩施工时存在一定的角度，若控制不好孔口的返浆现象则会造成无法成桩或成桩效果不佳，因此要选择合理的止浆方式，使浆液不能自由流出孔口，实际中可采用带压阻浆措施，严格止浆。

（3）关于形成的煤浆旋喷桩的抗剪性能问题。在旋喷加固砂土时，由于其形成的桩体

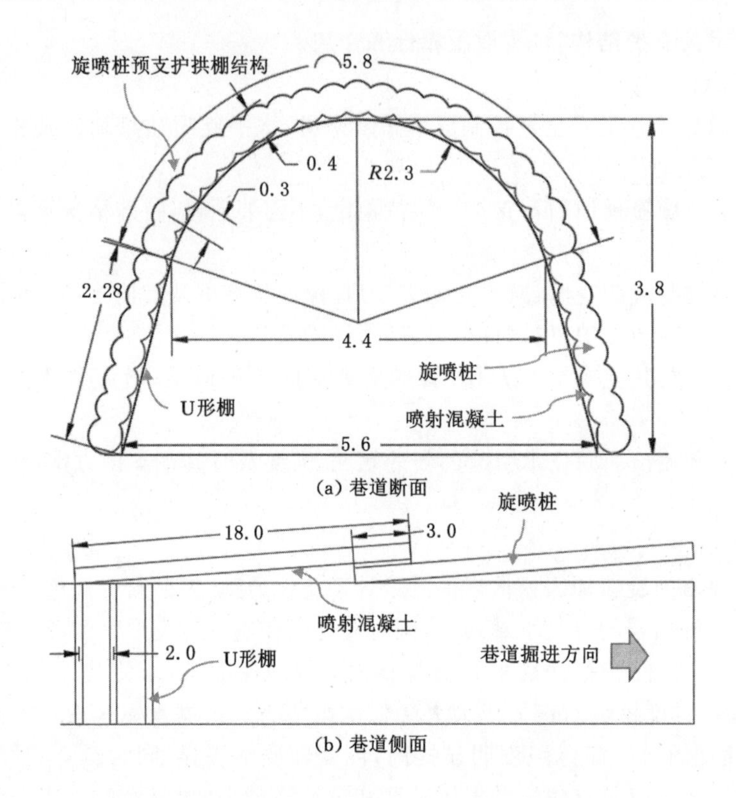

图 5-1　巷道断面及侧面控制方案示意图(单位:m)

会体现混凝土的脆性破坏特性,抗剪性能差,开挖完成后可以及时施加钢拱架作为旋喷桩支撑再喷射混凝土封闭,防止桩体受力剪断。在煤层中旋喷形成煤浆桩体,其变形性能优异,存在部分让压性能,开挖后由多个旋喷桩组成的拱棚承载能力和变形性能较好,再及时喷射混凝土封闭并架设 U 形棚;若发现喷层有开裂现象,再补喷混凝土。

(4) 关于架设 U 形棚与喷射混凝土工序问题。如上所述,原则上巷道开挖后先喷射混凝土封闭和找平,然后架设 U 形棚,当变形较大时再复喷混凝土;鉴于实践应用,在旋喷煤浆桩拱形棚极为稳定时,可以一次性架设 U 形棚和喷射混凝土,形成强支护结构,若发生大变形,再考虑锚杆索补强等措施。

(5) 整体上该旋喷注浆法控制煤层巷道流变的思路、方案及施工工序可以概括为"浅表改性、预先加固、提高承载、边放边抗、柔中有刚、多重支护"的原则。该控制方案汲取了新奥法的理念,又在此基础上创新应用。

5.1.5　主要工序及技术参数

根据设计的旋喷加固控制流变巷道方案及关键技术分析结果,有如下具体参数:

(1) 旋喷桩仰角控制在 4°～5°,旋喷时,以巷顶为对称点,左右交替旋喷成桩。旋喷桩直径设计为 400 mm,间距为 300 mm。每根旋喷桩设计长度为 18 m,与下节旋喷桩搭接长度为 3 m。待凝固后,形成旋喷桩预支护拱棚结构。

(2) 巷道每开挖 2 m,喷射强度等级为 C20 的混凝土及时封闭断面上暴露的旋喷桩,喷层厚度以将旋喷桩间凹陷找平并再喷 50 mm 为准。

(3) 待喷层固结后采用 U36 可缩性棚式支架支护,排距为 1.5～2 m,施工完后必要时再复喷 50～100 mm 厚混凝土或施加锚杆索补强。

具体的支护工艺及相关支护材料参数见表 5-1。

表 5-1 旋喷加固及附属支护材料参数

支护工艺	控制参数及材料	支护参数
高压旋喷	钻孔直径为 150 mm； 水泥强度等级为 42.5； 水灰比为 0.7∶1，并加入 2%氯化钙及 6%硅粉； 旋喷压力为 25 MPa； 流量为 70～100 L/min； 旋转速度为 60 r/min，后退速度为 0.2 m/min	桩体直径为 400 mm； 桩体长度为 18 m； 搭接长度为 3 m； 桩间距为 0.3 m； 桩倾角为 4°～5°
喷射混凝土	水泥强度等级为 32.5； 黄沙∶石子∶速凝剂（质量比）为 1∶2∶0.03； 水灰比为 0.57∶1	混凝土强度等级为 C20； 初喷 50 mm； 复喷 50 mm（视情况而定）
架设 U 形棚	U36 可缩性棚式支架； 卡缆； 铁背板	排距为 1.5～2 m

5.2 旋喷加固巷道数值模型建立

5.2.1 模型建立及监测点布置

在之前建立的三维模型基础上，以典型的直径为 400 mm 的旋喷桩为依据，将其形成的拱棚支护结构构建在三维模型中。将模型的旋喷桩区域网格加密处理，最小尺寸为 0.1 m，随着远离旋喷桩，网格逐渐稀疏。在旋喷桩表面喷射混凝土 50 mm，并架设 U 形棚，排距为 2.0 m。含有旋喷桩的巷道模型如图 5-2 所示。需要注意的是，在实际中该旋喷试验巷道为 8205 工作面风巷，其毗邻 8204 工作面机巷，中间隔有保护煤柱。在此处模拟中，不考虑邻巷对其影响，专注于探索研究旋喷对实体煤巷道的加固支护作用。位移监测点在图中由红色圈点显示，除了常规的顶底板及两帮变形监测点，由于在实际计算过程中发现经旋喷加固后的巷道的底角为薄弱环节，因此特设底角附近两个监测点，一个为加固体直接接触点 A，另一个为紧邻 A 于巷道内侧的监测点 B。

5.2.2 本构关系及参数设置

煤浆固结体的破坏符合莫尔-库仑准则，因此在模型中旋喷桩的强度准则采用莫尔-库仑准则，具体赋予旋喷桩的力学参数见表 5-1。岩层的本构方程设为典型的莫尔-库仑准则，模型中煤体本构模型设为改进型 CVISC 流变模型，其他岩体弹塑性力学参数与原来模型一致。在实际运算过程中发现若喷射混凝土采用弹性实体单元，则会造成单元内较大的应力积聚，与混凝土实际所能承载能力不符。因此，将紧贴于旋喷桩的小部分实体单元赋值与旋喷桩一样，这部分等效的混凝土喷层由 Shell 单元模拟；另外，U 形棚弹性模量也折算成混凝土弹性模量，即等效为混凝土一起赋参，混凝土及 U 形棚的参数与原来模型一致。其他

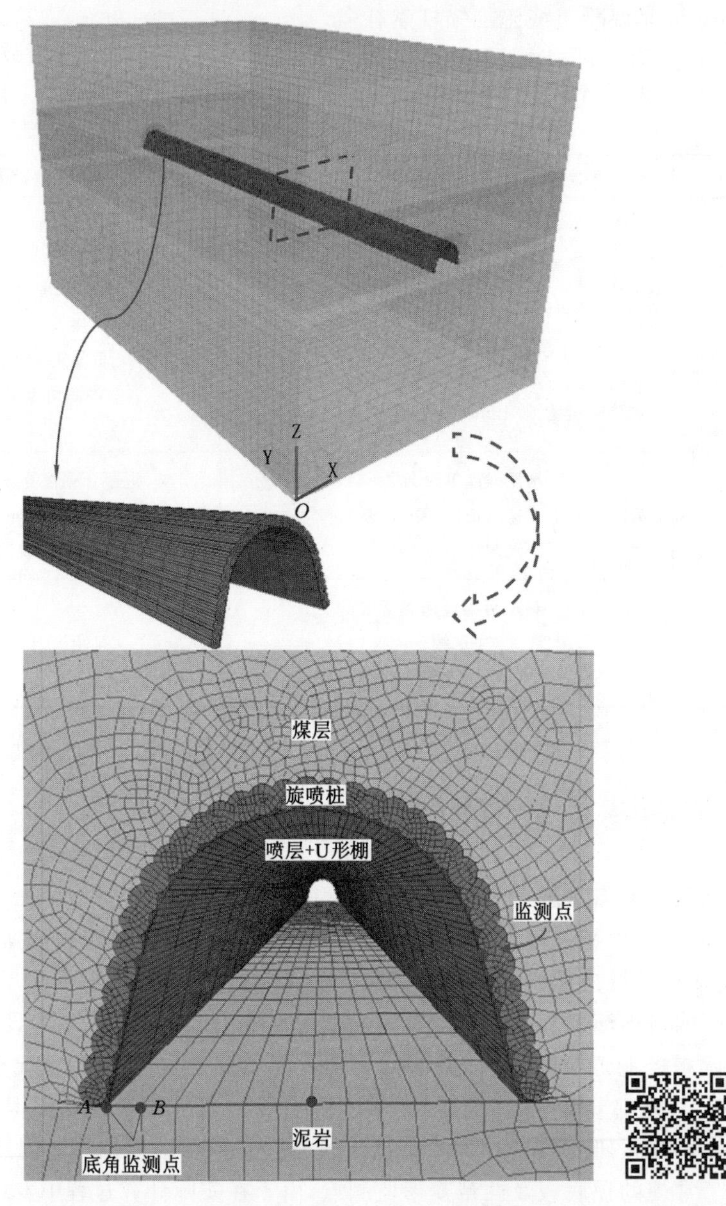

图 5-2　旋喷加固巷道三维数值模型

模型参数如施加载荷、边界条件等保持不变。

综上，该模型主要探究旋喷桩、喷射混凝土和U形棚多重支护对巷道的控制效果，暂不考虑分次掘进及支护问题，只考虑支护完成后的最终控制效果。

5.3　旋喷加固控制巷道流变机理分析

与传统支护方式的分析方法类似，本节对旋喷加固后的巷道围岩变形、应力分布以及塑性区演化规律进行分析和探讨，揭示旋喷加固控制巷道流变的内在机理。

5.3.1　旋喷加固巷道围岩变形规律

取模型中部的 Y 方向切片为研究对象，取 4 个较为典型的巷道流变天数为代表(3 d，15 d，30 d，300 d)，对巷道围岩变形情况进行分析。

1) 水平位移

巷道在水平方向的位移随时间的变化显示于云图 5-3(模型中，横向坐标为距巷道底板中心点水平距离，右侧为正值、左侧为负值；纵向坐标为距巷道底板中心点垂直距离，上侧为正值、下侧为负值；下同)。

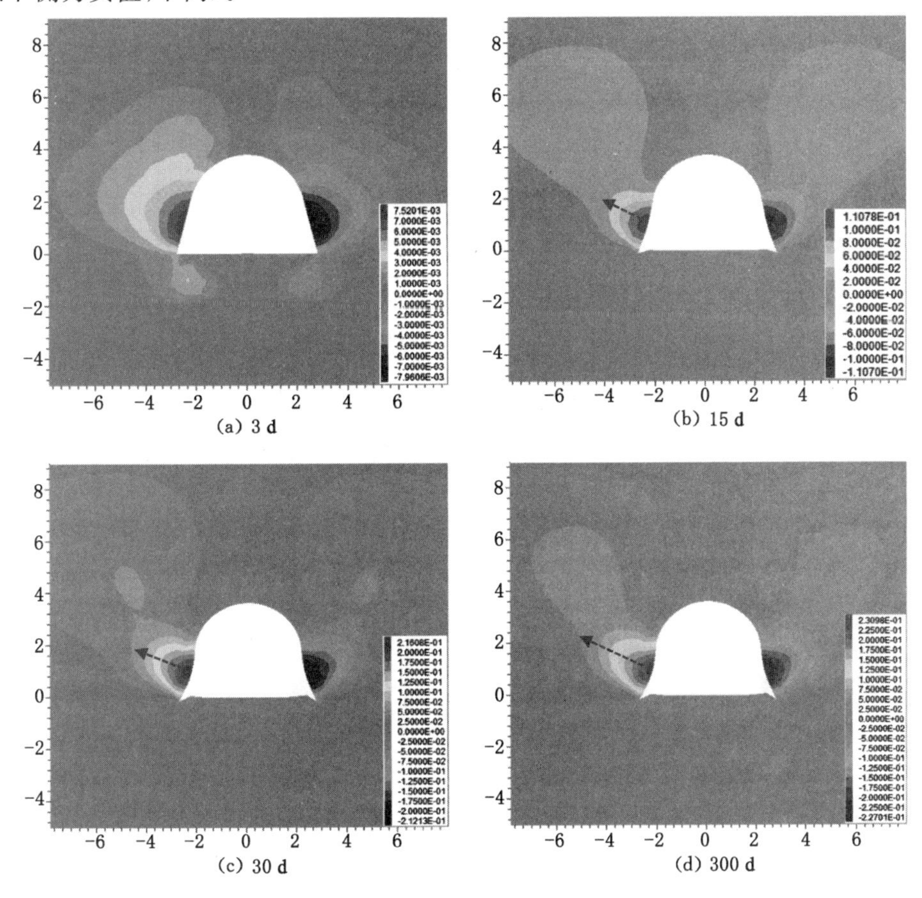

图 5-3　旋喷加固巷道水平位移随时间的变化云图(单位：m)

由水平方向的位移云图可知，巷道经旋喷加固后，初始阶段(3 d)水平方向变形集中于两帮且变形极小；随着时间的推移，两帮变形逐渐增大，影响范围也逐渐增大；至 30 d 左右，变形逐渐稳定；300 d 后巷道水平方向变形及扩散范围稍有增加，但不明显。由两帮变形及变形速率曲线图 5-4 可知，巷道水平变形以 30 d 分界明显。前 30 d 变形速率最大至近 7 mm/d，每帮累计变形达 150 mm，占总变形的 90%，但无明显的减速流变特征，塑性破坏显现更明显。30～300 d，巷道变形速率较小，但不为零，变形缓慢，主要是深部煤体的缓慢流变变形所致。相比传统的支护(在近 60 d 才能达到稳定且在减速流变阶段最大变形速率达 18.5 mm/d)，经旋喷改性后的巷道水平位移控制效果良好，不具有减速流变阶段，稳定时间缩短，变形速度减缓。

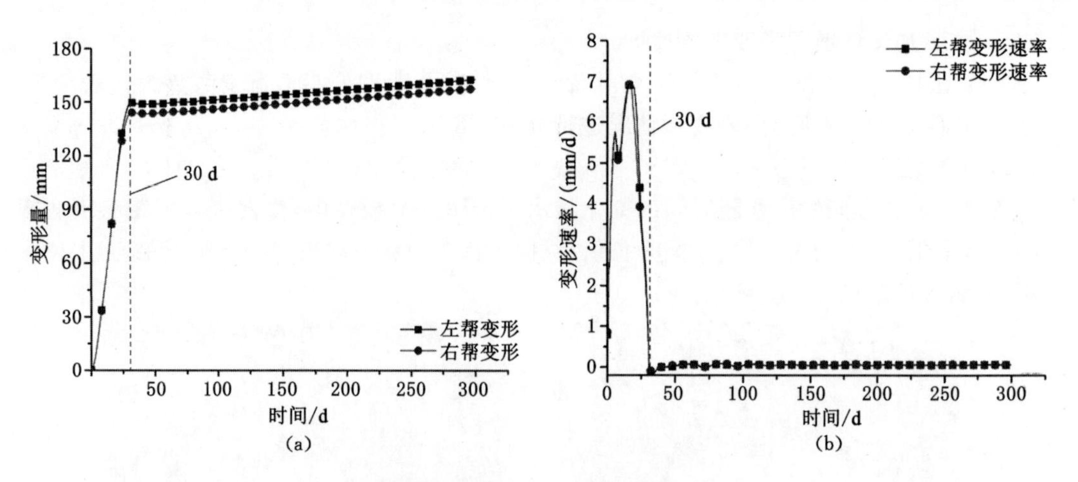

图 5-4　旋喷加固后巷道左右两帮变形及变形速率

2）垂直位移

巷道在垂直方向的位移随时间的变化显示于云图 5-5。

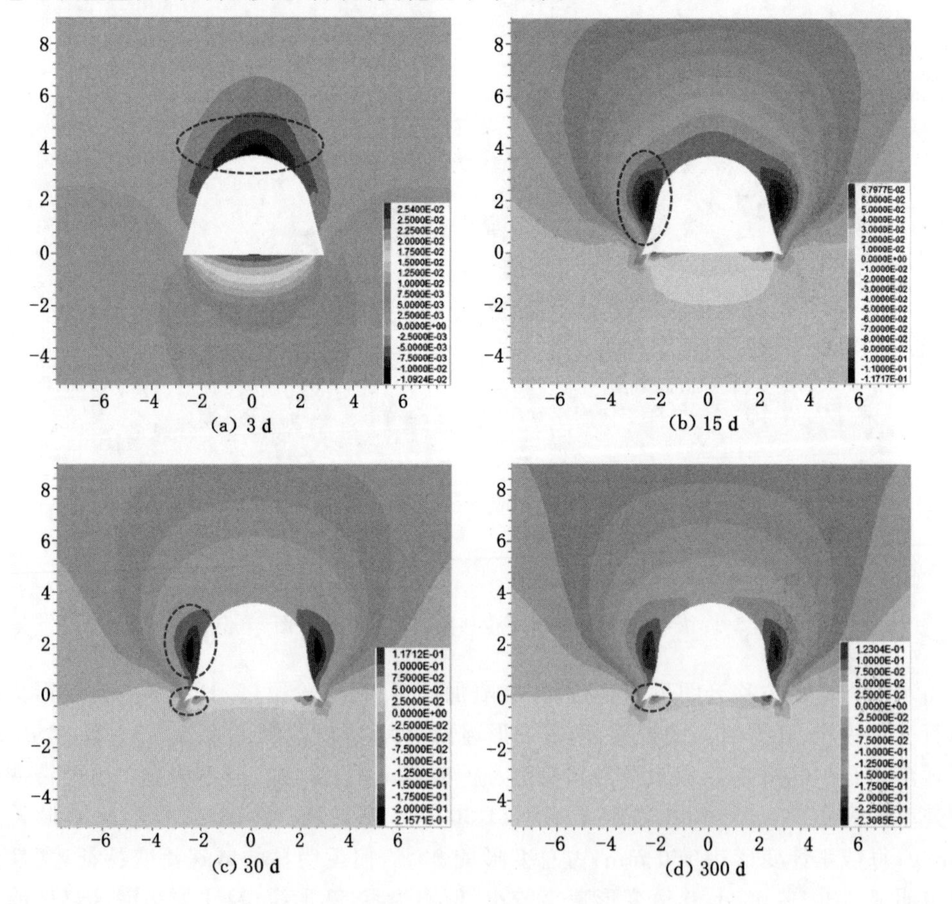

图 5-5　旋喷加固巷道垂直位移随时间的变化云图(单位:m)

由巷道垂直方向的位移云图可知,在前 3 d,巷道底板及顶板变形较为明显;随着时间的增长，顶板变形继续增加，同时在巷道肩角及两帮出现了竖向位移，底板中心变形不明显，但在底角处出现交错下沉和上升现象；30～300 d，虽然顶板变形和扩散范围依然增大，但增大幅度非常有限。具体见曲线图 5-6，由此可知，巷道的顶板变形在 30 d 达到稳定状态至 145 mm，与两帮变形达到稳定时间一致，最大变形速率为 8.5 mm/d，小于传统支护下的 20 mm/d，也远小于底板的最大变形速率 42.5 mm/d。底板的变形发展规律与变形速率变化规律与传统支护的一致，分析认为原因是巷道底板都没有进行支护，发生了塑性破坏。在垂直方向上底角附近的位移同样值得关注，如监测点 A 和 B 的垂直位移变化特点，见图 5-7。

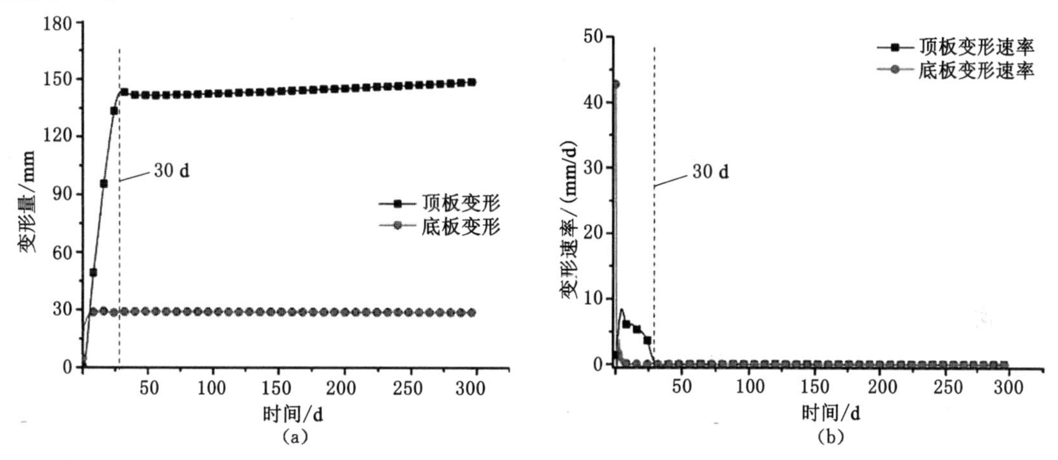

图 5-6 旋喷加固后巷道顶底板变形及变形速率

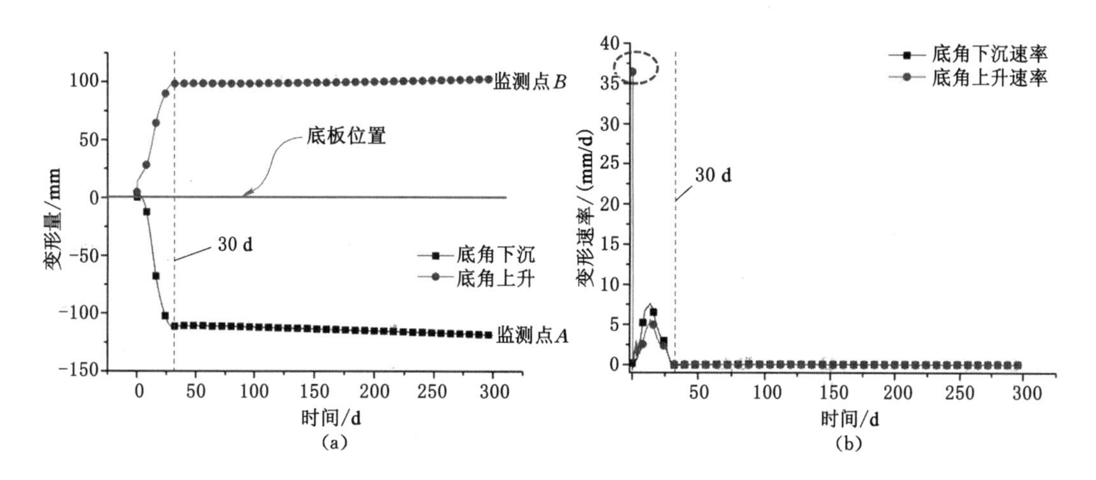

图 5-7 旋喷加固巷道底角附近监测点变形及变形速率

A 点由于受到旋喷桩棚式结构底面的挤压作用产生下沉，该点的变形趋势与顶板的变形趋势类似，即前 30 d 变形较大达 110 mm，最大变形速率达 8 mm/d，后期变形减缓但位移一直增加。对于 B 点，A 点的下降内挤造成了该点的上升，该点不仅受 A 点下沉变形影响（前 30 d 变形一直增加），也受底板的塑性破坏影响（塑性变形速率峰值达37 mm/d，接近底板的最大变形速率 42.5 mm/d；30 d 后，变形无明显增加）。该区域的相对变形量达到近 250 mm，分析认为这是由于旋喷改性表面煤体形成了强度较高的煤浆固结体，巷道顶板下沉及两帮内挤时，旋喷棚式结构底面嵌入底板泥岩造成底板的交错。该现象在支护强度较高的巷道中也经常出现，是共性问题，应得到重视。

5.3.2 旋喷加固巷道围岩应力分布变化特征

1）最大主应力

巷道围岩最大主应力随时间（3 d，15 d，30 d，300 d）的变化显示于云图 5-8。

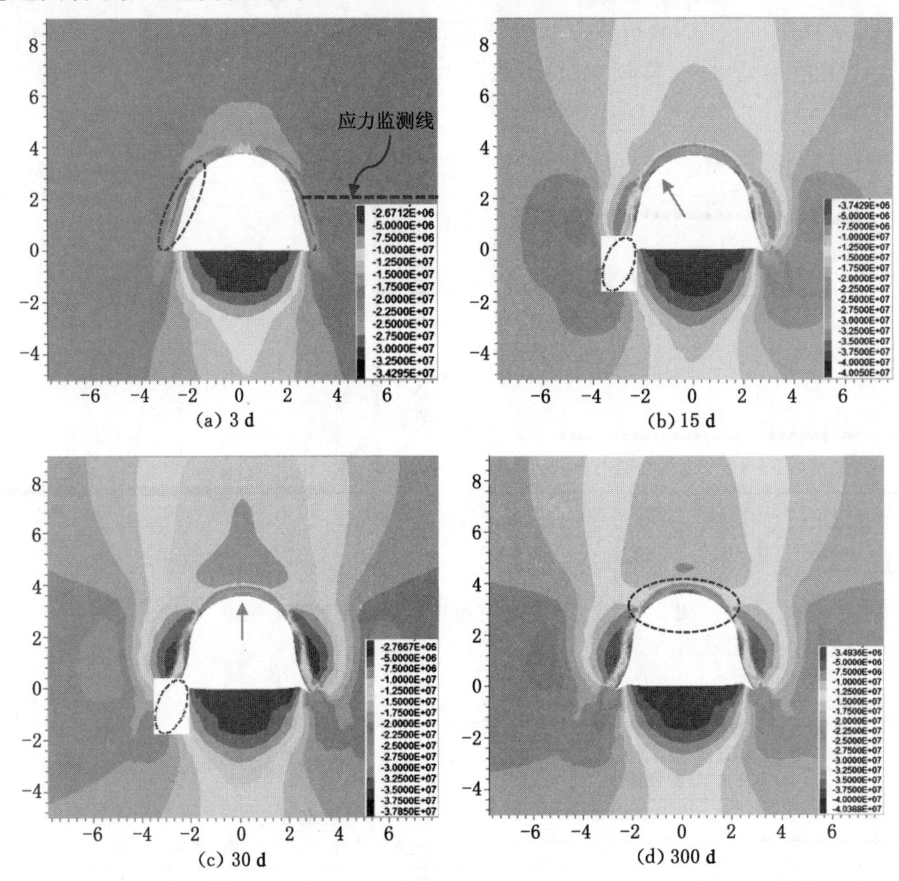

图 5-8 旋喷加固巷道围岩最大主应力随时间的变化云图（单位：Pa）

由最大主应力云图可知，巷道开挖后，由于底板没有支护，底面自由，底板存在较大的应力释放区，且随着时间的增长，底板应力释放区范围及大小变化不大。这是由于前期的底板塑性破坏后仍存在较大的残余强度；随着时间的推移，巷道肩角逐渐出现应力集中并扩散至巷顶；30～300 d，巷道的顶板及肩角主应力状态变化不明显，仅受深部煤体蠕变作用，应力释放范围缓慢增大，应力集中区域稍有增大。对于存在巷表改性的煤浆旋喷桩及其支护来讲，前3 d，较大的集中应力分布于旋喷桩内，这说明其发挥着较大承载能力，此时在巷道底角逐渐显现出应力集中，主要原因是该区域受旋喷桩挤压影响。随着时间的推移，巷帮的应力降低，且应力降低范围逐渐扩大，巷帮变形显现，底角应力集中区的范围和大小呈现逐渐增大趋势。

在巷帮中部布置一条应力监测线，得到帮部最大主应力随时间和监测位置的不同的变化规律，显示于图 5-9。如图 5-9 所示，明显地，在离巷表较近的位置（约 0.4 m，旋喷桩内），应力迅速升高并出现峰值，这说明煤浆固结体有较强的承载能力。该峰值随着时间的推移逐渐降低，说明旋喷桩逐渐破坏且相应承载能力降低，但破坏后的旋喷固结体承载能力（最小值约为 12.5 MPa）仍远高于煤体的承载能力（约为 2.4 MPa）。与之类似的是，邻近旋喷桩的煤体的承载能力随着时间的增长逐渐降低（最小至上述的 2.4 MPa），这是帮部旋喷桩破坏和煤体破坏作用的结果。随着远离巷道帮部，煤体内的最大主应力逐渐升高，直至出现应力峰值。将帮部煤体的应力集中系数及对应的时间和相应应力峰值点距巷帮距离列于表 5-2。

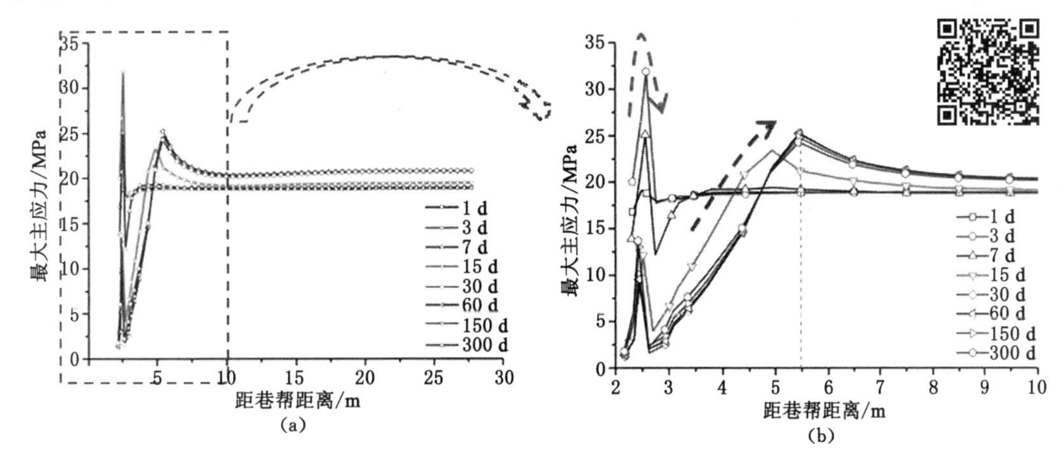

图 5-9 旋喷加固巷道帮部煤体监测线上最大主应力变化图

表 5-2 旋喷加固后巷道帮部煤体应力集中系数及应力峰值点距巷帮距离

时间/d	1	3	7	15	30	60	150	300
应力峰值点距巷帮距离/m	1.3	1.3	1.3	2.8	3.3	3.3	3.3	3.3
应力集中系数	1.00	1.00	1.00	1.22	1.32	1.31	1.30	1.27

由表 5-2 可知，前 7 d 内，经旋喷改性并加固支护后，巷道深部煤体并没出现明显的应力增高现象；之后到 30 d 时，煤体内出现应力峰值且在 30 d 后该值略有降低。分析认为，前 7 d 巷道帮部仍然处于旋喷加固的强支护作用下，破坏范围有限；随着时间的增长至 30 d，巷道处于快速调整阶段，应力逐渐向深部转移；30～300 d，应力峰值略有减小，峰值点也有向巷道表面移动的微小趋势（表中统一统计为 3.3 m），该阶段主要受深部煤体的蠕变影响。相比传统的支护方式，旋喷加固可以减小煤体的应力峰值和峰值点距巷帮距离，这说明旋喷加固可以优化围岩的应力环境，并提高煤体的自身承载能力。

2）最小主应力

巷道围岩最小主应力随时间的变化显示于云图 5-10。

由最小主应力云图可知，巷道开挖后初期，由于底板没有支护，底板存在拉应力，并形成较深而广的应力释放区，该区域随着时间的增长略有增大；而对于顶板及两帮，由于存在旋喷桩及支护的作用，其拉应力不明显，可以相对保持稳定。15 d 时，巷道在巷顶、肩角及底角处出现应力集中现象（如图中虚线圆圈所示）；随着时间的推移，应力集中趋势逐渐明显，至 30 d 时，在左右两帮深部也出现了应力集中区（如图中虚线大圆圈所示），而在巷帮形成

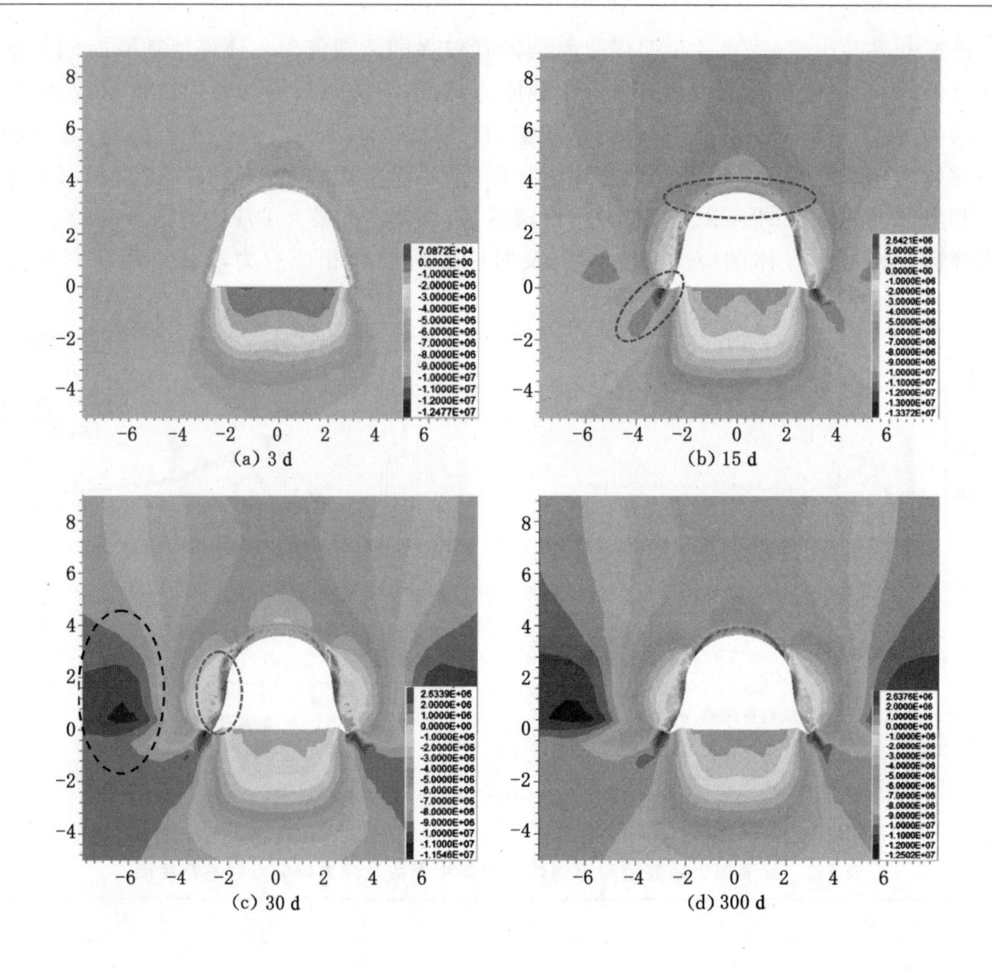

图 5-10　旋喷加固巷道围岩最小主应力随时间的变化云图(单位:Pa)

较大的卸压区(如图中虚线小圆圈所示)。产生以上现象主要是由于巷道帮部的变形破坏,煤体承载能力降低,应力向深部转移。到 300 d 时,巷道围岩的最小主应力分布与 30 d 时的类似,仅在应力集中区域应力值略有增高,应力释放区域略有增大。

综上,根据巷道围岩的最大主应力、最小主应力云图及相关曲线可知,经过旋喷改性加固形成的煤浆固结体承载能力较强,同时形成的旋喷桩体提高了煤体的承载能力,体现在围岩应力的优化(峰值应力降低)和应力峰值点距巷帮距离的减小上。以 30 d 为界,前阶段应力变化迅速,后阶段应力变化缓慢。旋喷加固改变了巷道围岩的应力变化趋势,与传统支护下的 60 d 应力剧烈调整时间相比,该方法控制巷道围岩效果明显。不可忽视的是,由于巷道底角受压严重,底角处应力集中明显,需要采取针对性措施。

5.3.3　旋喷加固巷道围岩塑性区演化规律

巷道围岩塑性区随时间(3 d,15 d,30 d,300 d)的变化显示于云图 5-11。由图 5-11 可知,巷道开挖后(3 d),由于旋喷加固的作用,巷道帮部仅出现少量的剪切破坏;而对于底板而言,在未支护情况下,受拉破坏明显。通常在拉压作用下,底板塑性区深度及面积都非常大。随着时间的增长(15 d),两帮逐渐出现较大的剪切破坏的塑性区发育状况,与此同时巷顶也有剪切破坏出现,底板破坏面积略有增大。进一步地,当巷道开挖 30 d 后,塑性区的发育基本稳定，两帮破坏范围进一步扩展，顶板塑性区略有发育但不明显。至 300 d 时，塑性区范围基本没有增长。具体的巷道围岩破坏深度与时间的关系如表 5-3 所示。

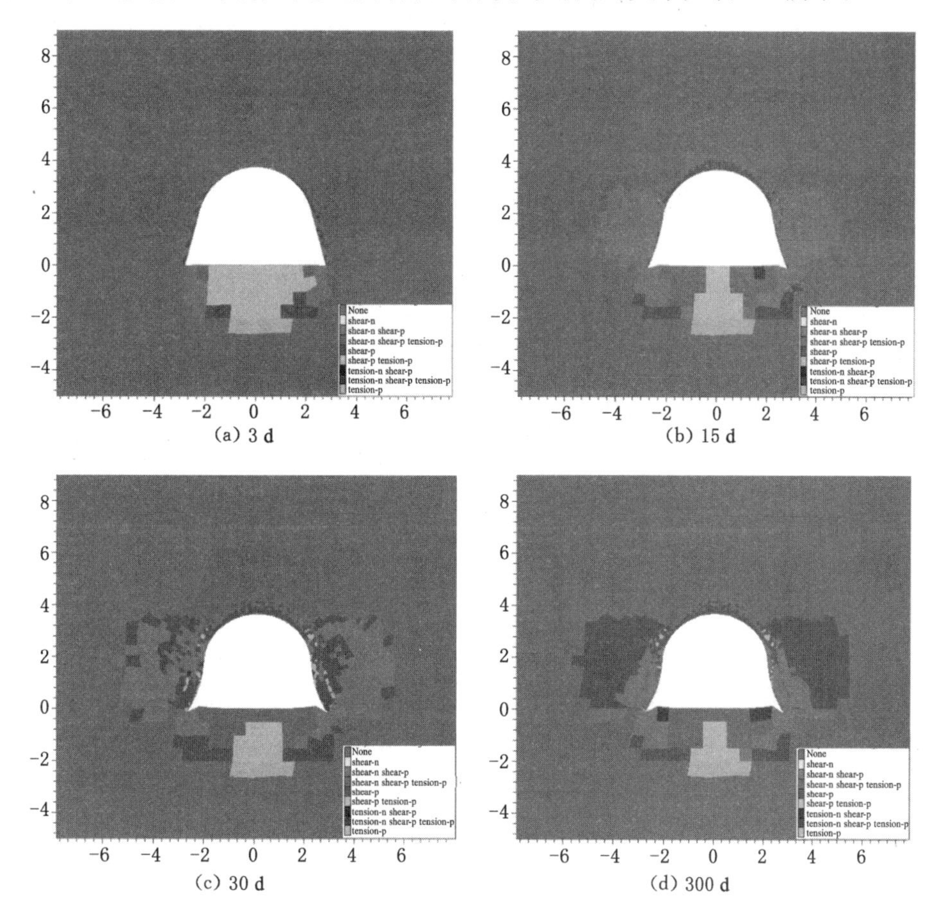

图 5-11 旋喷加固巷道围岩塑性区随时间的变化云图

表 5-3 旋喷加固巷道围岩破坏深度

时间/d	3	15	30	300
顶板破坏深度/m	0	0.3	0.4	0.4
底板破坏深度/m	2.8	2.8	2.8	2.8
帮部破坏深度/m	0.3	2.4	3.1	3.1

由上述分析可知，旋喷加固巷道塑性区发育在 30 d 内基本完成，在深度和范围上基本达到稳定，后期塑性区扩展的时间效应不明显。另外，对比传统支护巷道可知，旋喷加固巷道顶板塑性区明显减小；两帮由于受到内挤和巷道底角下沉的影响，塑性区面积略有减小。而由于巷道底板同样未采取支护，塑性区面积仍然较大。因此，对于巷道两帮及底板的塑性区控制仍需要进一步优化。

5.4 旋喷加固技术方案优化及控制效果分析

5.4.1 旋喷加固技术方案问题分析

由上节分析可知，旋喷加固技术对流变巷道的变形、应力优化及塑性区控制有着非常好的效果，但是也存在如下一些问题：① 巷道底角的变形交错问题；② 巷道底角应力集中问题；③ 巷道帮部及底板的塑性区范围问题。进一步分析认为，未支护的巷道底板是问题的关键所在。主要分析及提出的解决问题思路如下：① 虽然泥岩底板强度较高，但在未支护情况下，该岩体极易受拉破坏，在巷道底板尖角（底板与支护结构呈现锐角）附近，受旋喷桩体较大的挤压作用（桩体与底板接触面积较小），破碎的泥岩底板承载能力有限，容易产生较大变形和应力集中，该处应力集中问题也是强支护并与底板呈锐角的巷道、隧道中常见现象；② 进一步地，底角的下沉会加剧煤体内的应力转移，使得旋喷桩体对煤体承载能力的提高程度大打折扣，因此帮部煤体应力释放区域变大，破坏范围较大；③ 帮部的塑性区破坏不可避免，只能将其减小到可控范围，因此有必要在帮部增加锚杆，以锚固破碎煤体；④ 由现场监测、传统支护及旋喷加固控制方案数值模拟可知，虽然巷道底板破坏范围较大，但受底板残余强度约束，底板变形并不明显，若要强化整个底板，则会造成不必要的资源浪费。

其实，根据新奥法施工的基本要点，形成隧道支护的封闭结构也是该工法的重要组成部分。对于前述设计的旋喷加固煤层巷道控制方案，要对全断面进行封闭支护，如底板增加仰拱混凝土钢架支护并与旋喷桩及U形棚联合形成封闭的支护体，显而易见这种控制方案将非常有效，但考虑成本和施工的复杂程度，实际应用可行性较低也没有必要。

综上所述，认为若加固底角附近的围岩同时增大底角附近的对旋喷桩体的有效支撑面积，那么巷道整体情况将得到进一步的改善。加固底角围岩一般可以通过注浆手段，注浆不但可以提高破碎泥岩的强度，也可以形成一个整体结构有效分散上覆载荷，相当于扩大旋喷桩体底面的支撑面积将应力有效分散，从而解决底板承载能力不足问题。因此，参考相关文献中隧道拱脚的加固方法，本节拟采用底角注浆的方法扩大旋喷桩体的有效支撑面积，提高巷道底角围岩强度并与旋喷加固、喷射混凝土、U形棚及锚杆补强结合形成巷道的半封闭的支护体结构。

5.4.2 旋喷加固控制方案优化

具体的优化后的旋喷加固的围岩控制方案如图5-12所示，在巷道两侧底角布置长度为1.6 m的注浆锚杆，排距可设置为2.0 m。考虑底板泥岩不易受水影响，优先采用化学注浆材料或较低水灰比的水泥-水玻璃注浆材料，注浆压力不大于3 MPa。巷道底板较为破碎，这一方面利于浆液的扩散，另一方面也会造成跑浆漏浆现象，应予以注意。巷道帮部采用长度为2.4 m的锚杆补强，间距为2.0 m，与U形棚间隔布置。

旋喷注浆巷道开挖支护后3 d内，底角变形并不明显。因此，巷道开挖后在喷射混凝土和架棚施工完，可以对底角进行注浆。连续注浆形成的底板加固体可以看作在巷道纵向上的连续梁结构与旋喷桩、喷射混凝土及U形棚形成的巷道半封闭支护体结构，为煤层巷道的稳定奠定基础。

在数值模拟中，由于实际注浆后的底板强度具体提升多少有待于现场及实验室试验确定，因此本节在数值模拟中将底角加固后的围岩体等效为宽度为1 m，厚度为0.3 m的C10

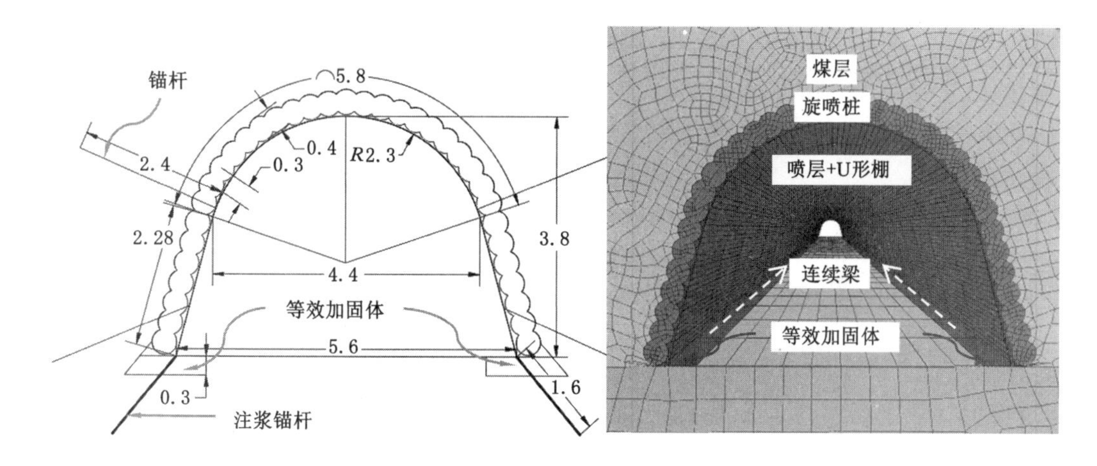

图 5-12　优化后旋喷加固方案及数值模型设置(单位:m)

片石混凝土结构,并在模拟中用 Shell 结构单元施加于旋喷桩底面及巷道内底板上。具体见图 5-12。

5.4.3　旋喷加固优化方案控制效果及机理分析

基于优化后的旋喷加固方案,进行数值计算模拟,并对巷道的围岩变形、应力状态及塑性区发育状态进行分析,揭示优化后的加固机理。

1) 巷道围岩变形规律

类似地,取模型中部的 Y 方向切片为研究对象,取 6 个较为典型的巷道流变天数为代表(1 d,3 d,7 d,15 d,30 d,300 d),对巷道围岩变形情况进行分析。

(1) 水平位移

巷道在水平方向的位移随时间的变化显示于云图 5-13。

由图 5-13 可知,优化旋喷加固巷道开挖后,由于巷道底角的加固作用,底板下形成两个内挤移动区域;随着时间的推移,该区域的位移相对两帮的内挤变得不明显,两帮围岩的移动区域逐渐扩大,至 15 d 时两帮位移逐渐趋于稳定,30～300 d 时水平位移的扩散范围基本维持稳定,位移都比较小。具体的两帮的变形及变形速率如图 5-14 所示,优化旋喷加固巷

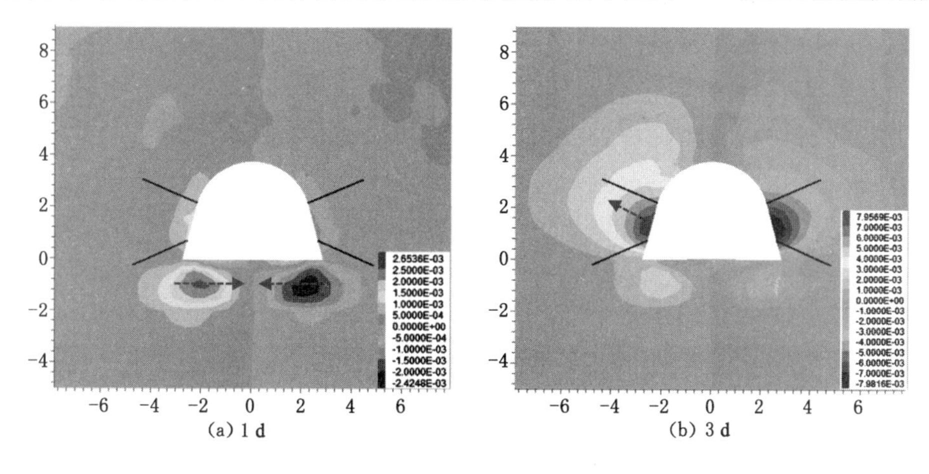

图 5-13　优化旋喷加固巷道水平位移随时间的变化云图(单位:m)

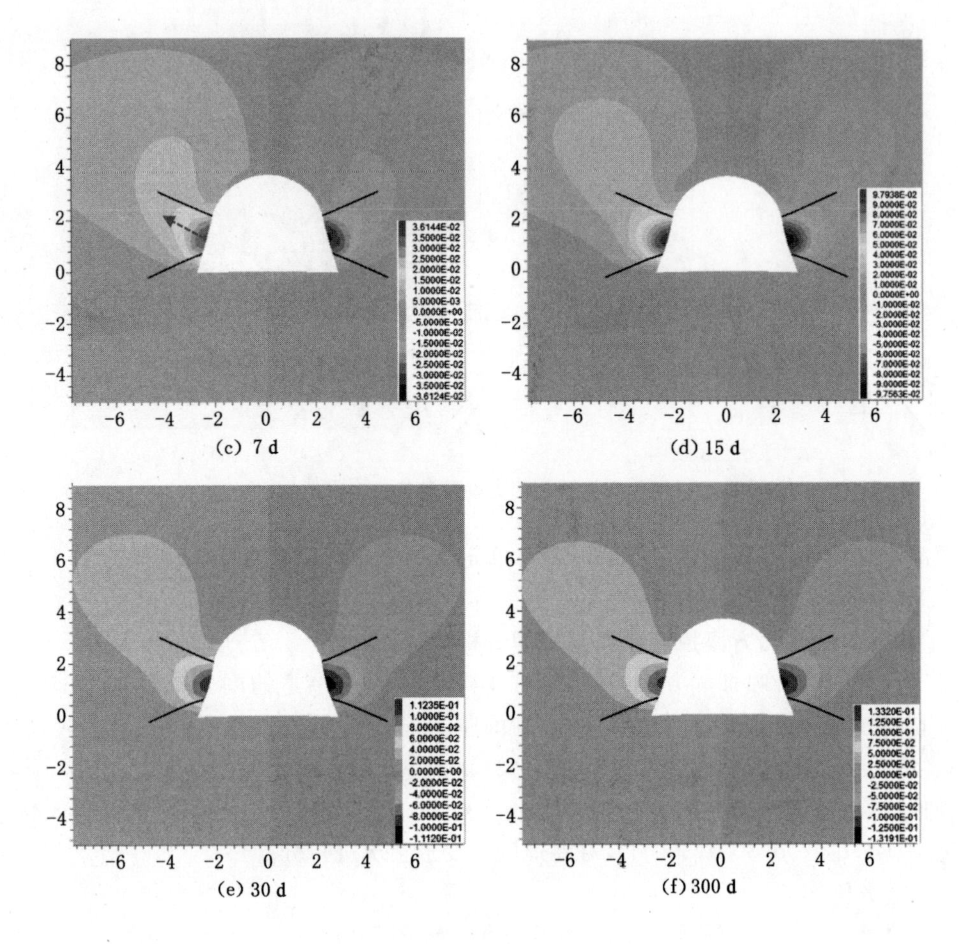

图 5-13(续)

道的变形趋势以 15 d 为界,前 15 d 最大变形速率达 5.7 mm/d,累计变形达83 mm,分别小于旋喷加固巷道的 7 mm/d 和 150 mm,同时该阶段没有明显的减速流变特征;15～300 d

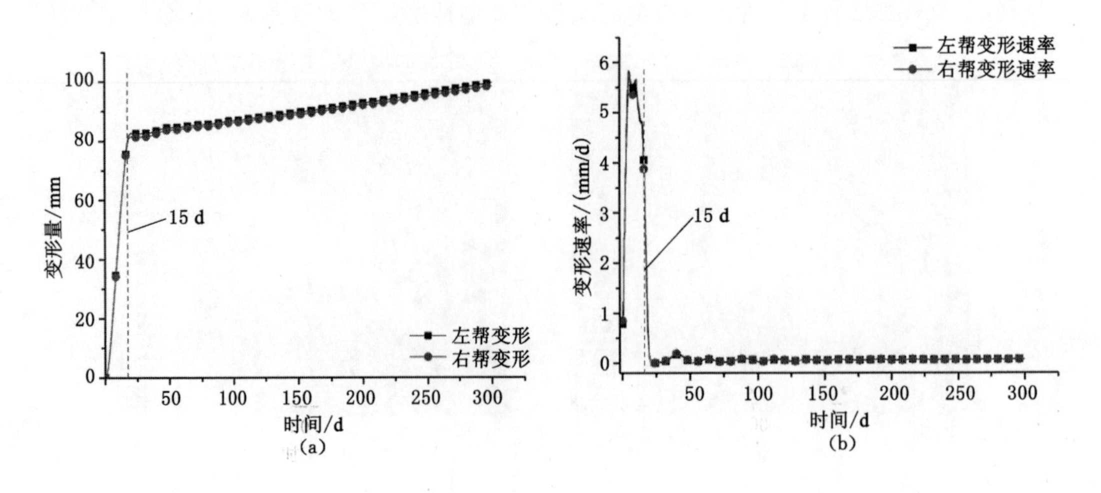

图 5-14　优化旋喷加固巷道左右两帮变形及变形速率

时，深部煤体缓慢流变变形，只占总变形的 15%左右。这说明优化方案在控制巷道流变变形上效果明显，进一步缩短了巷道稳定时间（由 30 d 减至 15 d），减缓了变形速率。

（2）垂直位移

巷道在垂直方向的位移随时间的变化显示于云图 5-15。

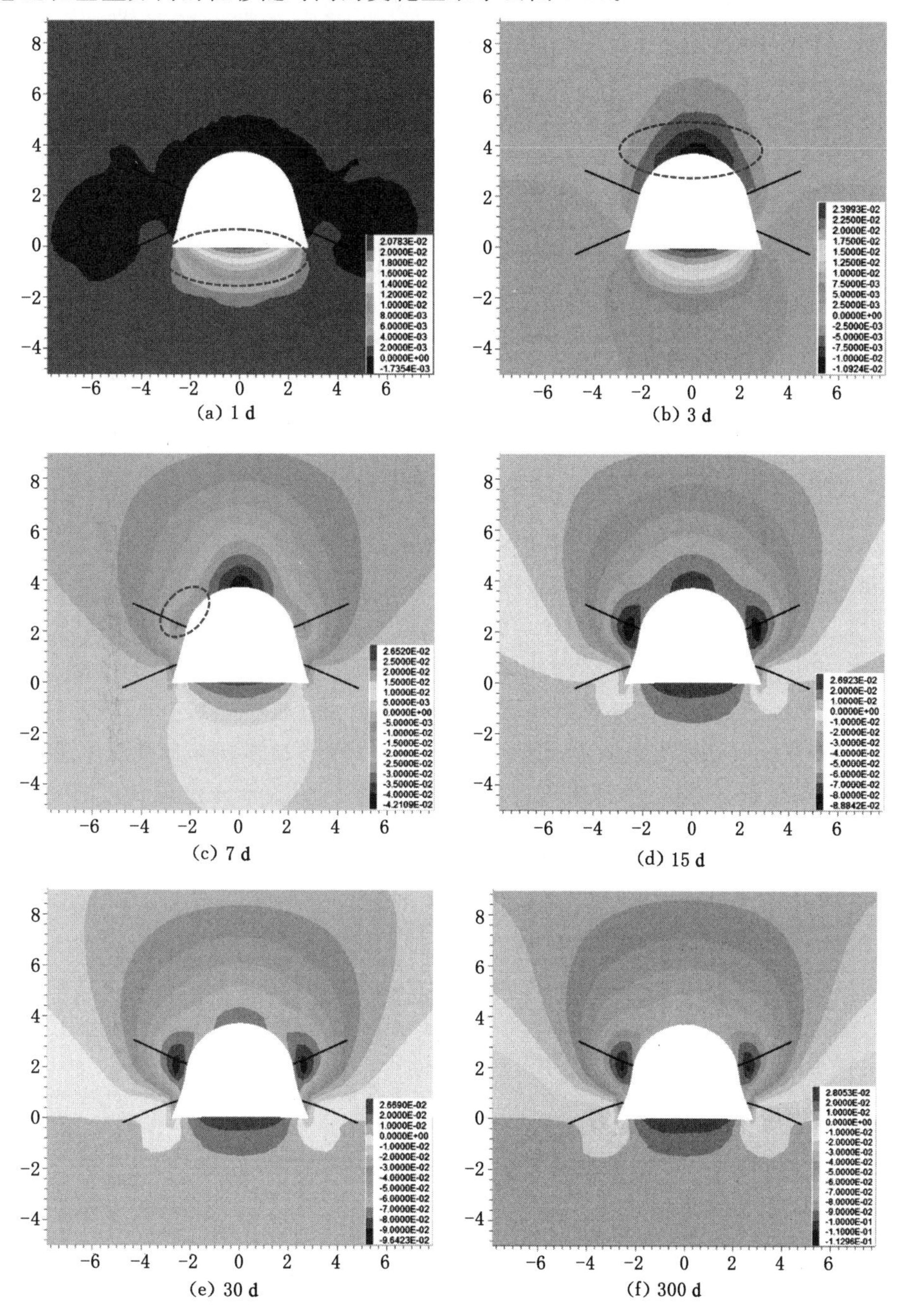

图 5-15　优化旋喷加固巷道垂直位移随时间的变化云图（单位：m）

由图 5-15 可知，巷道开挖后 1 d 内底板变形最为明显，且已占总变形的大部分；随着时间的增长，顶板也开始出现变形；至 7 d 时巷道肩角也开始出现较明显的竖向变形；到 15 d 后，巷道周围变形情况已经基本稳定；至 300 d，巷道垂直变形增长不明显，仅是移动范围略有扩大，主要受长期蠕变变形影响。另外，经过底角强化后的旋喷加固方案已经很好地消除了底角交错现象。具体见顶底板变形及变形速率曲线图 5-16。

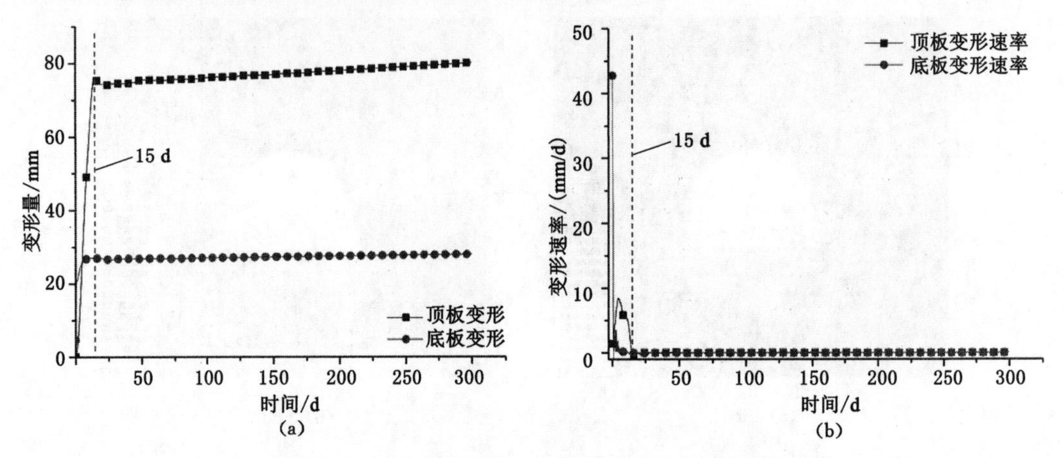

图 5-16　优化旋喷加固巷道顶底板变形及变形速率

明显地，巷道顶板变形在 15 d 左右稳定达 76 mm，其间变形速率最大约为 7.8 mm/d，分别小于未经优化的旋喷加固巷道顶板的变形 145 mm 和变形速率 8.5 mm/d。底板的变形变化规律和变形速率变化规律与传统支护一致，这是由于大部分巷道底板并没有进行支护，仅在巷道底角进行强化，大部分底板发生塑性破坏。巷道底角处的 A 点和 B 点的位移监测结果见图 5-17。底角加固后 A 点下沉变形相对未加固前的 110 mm 减小至 27 mm，最大下沉速率由 8 mm/d 减小至 3 mm/d；B 点最大上升速率由 37 mm/d 降至 14.5 mm/d，受煤体蠕变的影响，之后累计变形逐渐减小。由此可以看出，底角加固后可以明显改善 A 点与 B 点的交错变形。

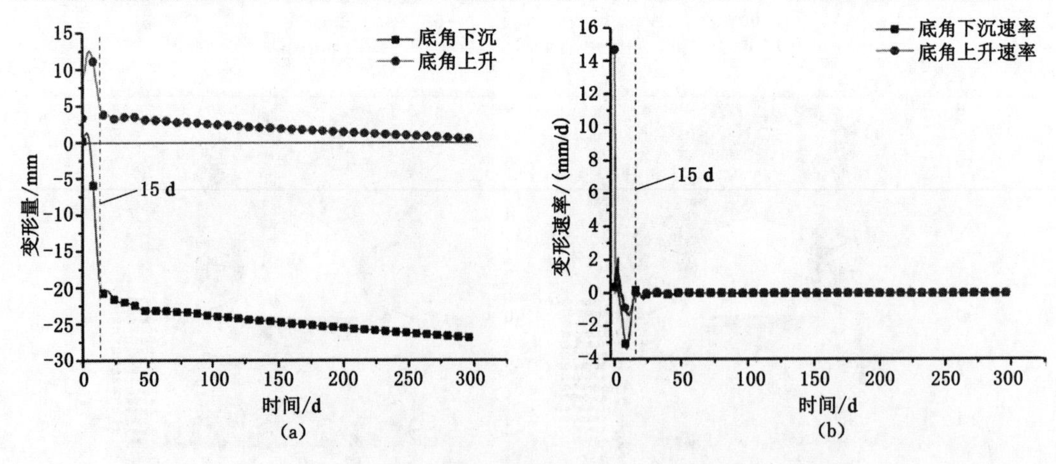

图 5-17　优化旋喷加固巷道底角附近监测点变形及变形速率

综上所述，由变形的云图分布及相关的变形及变形速率监测曲线可知，优化后的旋喷加固方案可以进一步抑制巷道流变大变形现象，在减小巷道的稳定周期、围岩变形及变形速率方面优势明显。

2）巷道围岩应力分布变化特征

（1）最大主应力

巷道围岩最大主应力随时间(1 d,3 d,7 d,15 d,30 d,300 d)的变化显示于云图 5-18。

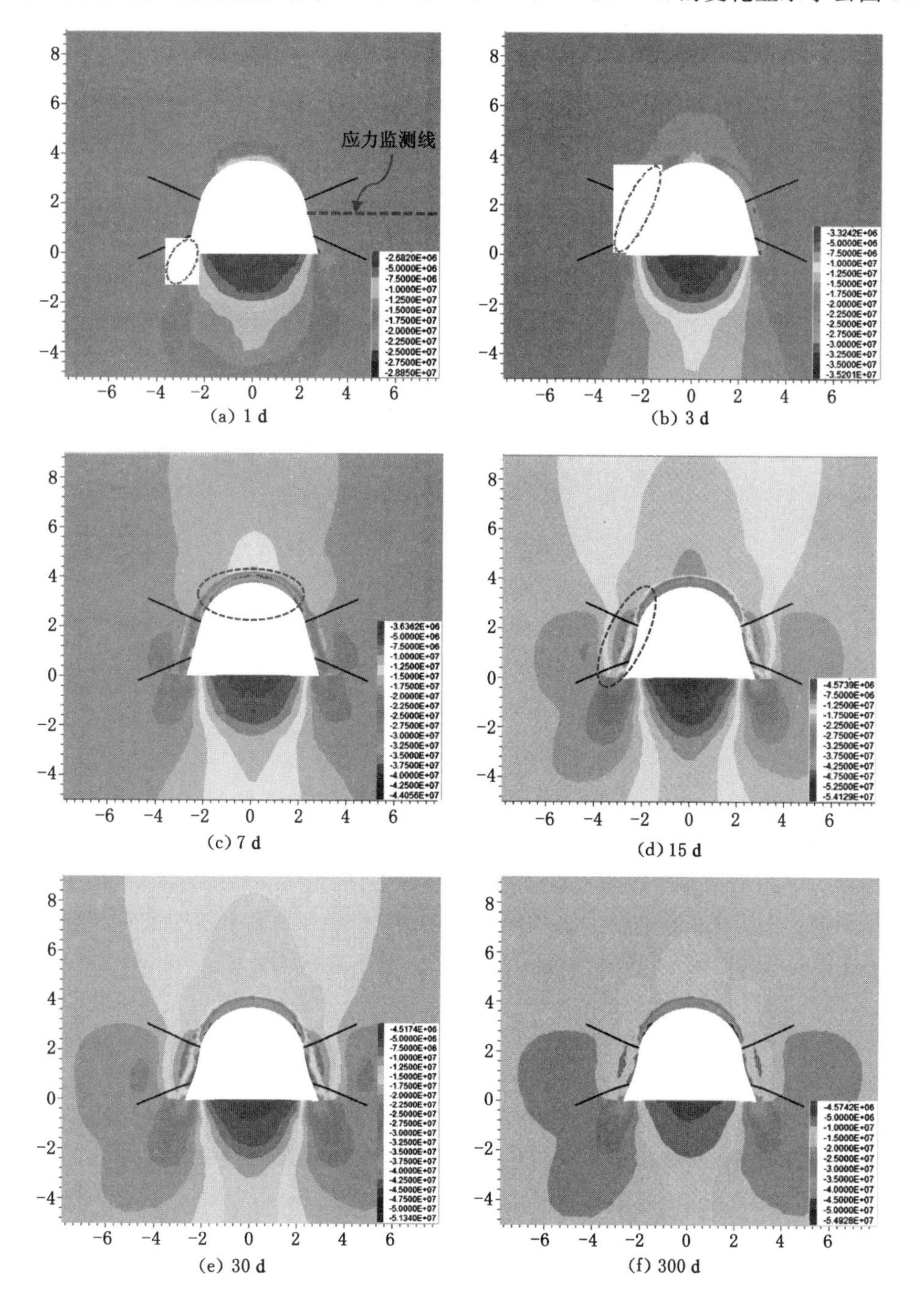

图 5-18 优化旋喷加固巷道围岩最大主应力随时间的变化云图(单位:Pa)

由图 5-18 可知,巷道开挖后(1 d),底板由于没有大范围支护,卸压区较大较明显,顶板也有小范围的卸压,但不明显,底角处有些许应力集中现象。随着时间的推移(3 d),巷道两帮出现应力集中,进而由帮部转移到巷顶及肩角(7 d),这说明浅表的旋喷桩体承载着较大的应力。至 15 d,帮部出现卸压情况,而顶板依然积聚着较大的应力,这间接反映了帮部旋喷桩的屈服破坏,而顶板桩体依然发挥着承载作用。30～300 d,巷道受深部煤体的缓慢蠕变作用,卸压区和应力集中区的范围都稍有增加但不明显。相对未优化的旋喷加固巷道,该巷道的最大主应力在顶板集中明显,这说明控制体系优化了围岩应力,把原本处于高应力积聚状态的帮部煤体解放出来,避免了帮部煤体受高应力而持续产生大流变现象。在巷道中部同样布置一条应力监测线,得到帮部最大主应力随时间和监测位置的不同的变化规律,显示于图 5-19。

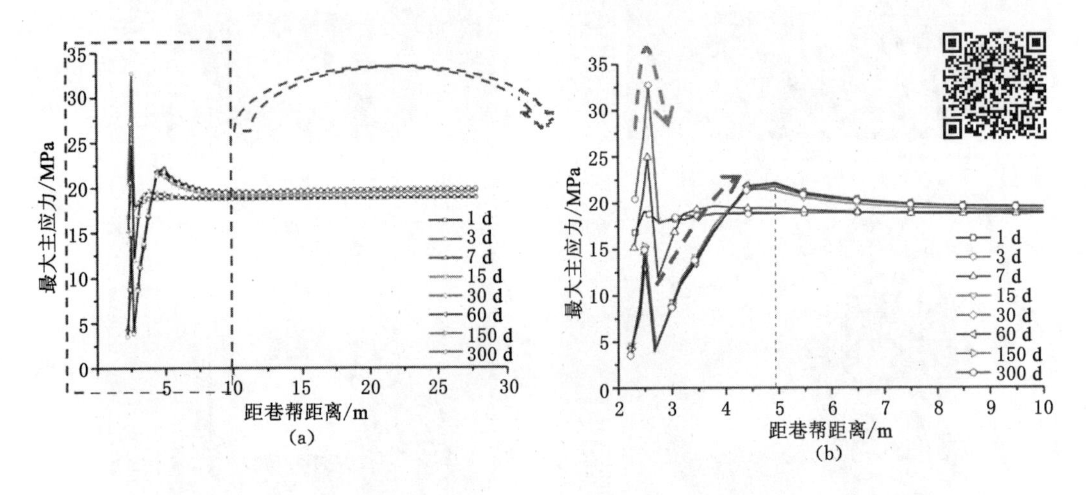

图 5-19　优化旋喷加固巷道帮部煤体监测线上最大主应力变化图

类似于旋喷加固巷道,在巷表(约 0.4 m,旋喷桩内)同样出现了应力峰值,随着时间的增长,该峰值逐渐降低,这说明旋喷桩逐渐破坏,承载力降低,但最小峰值约为 15 MPa,仍大于旋喷加固方案的 12.5 MPa,也远大于煤体承载能力(约为 4.9 MPa);同时,优化旋喷加固后的煤体承载能力大于未优化旋喷加固的煤体(4.9 MPa＞2.4 MPa),这说明优化方案进一步提升了煤体的承载能力。随着距巷帮距离的增大,煤体内的最大主应力逐渐升高,直至出现应力峰值,将该规律按照时间和距离转换为与应力集中系数之间的对应关系,列于表 5-4。由表 5-4 可知,前 7 d 深部煤体内应力没有明显增高,至 15 d 时应力增高,此后应力峰值缓慢波动,与此同时应力峰值点也不再向深部转移(应力峰值点距巷帮距离维持在 2.6 m,该距离小于旋喷加固后的 3.3 m)。以上对比说明,优化旋喷加固方案不仅进一步改善了围岩应力环境,而且提高了煤体的承载能力。

表 5-4　优化旋喷加固后巷道帮部煤体应力集中系数及应力峰值点距巷帮距离

时间/d	1	3	7	15	30	60	150	300
应力峰值点距巷帮距离/m	1.3	1.3	1.3	2.6	2.6	2.6	2.6	2.6
应力集中系数	1.00	1.00	1.02	1.13	1.15	1.15	1.14	1.13

(2) 最小主应力

巷道围岩最小主应力随时间(1 d,3 d,7 d,15 d,30 d,300 d)的变化显示于云图 5-20。

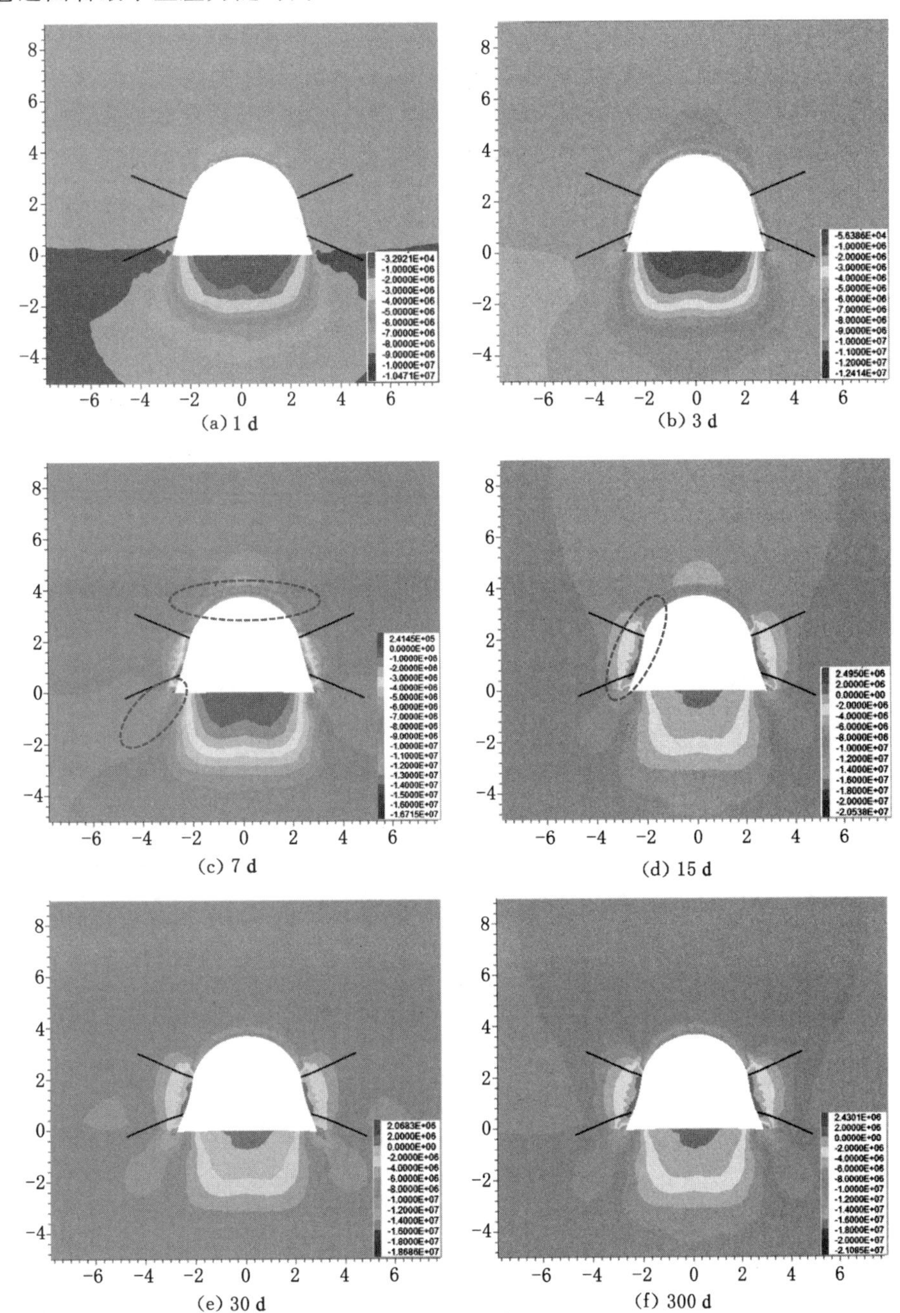

图 5-20 优化旋喷加固巷道围岩最小主应力随时间的变化云图(单位:Pa)

由图 5-20 可知,在开挖前期(前 7 d),与传统支护和旋喷支护不同的是,围岩由于受到底角加固作用,并没有明显出现拉应力(拉正压负);但受大部分底板未加固影响,底板还是出现了明显的应力卸压区。随着时间的增长,巷道顶板及底角附近逐渐出现应力集中区,直至 15 d 左右这些区域达到基本稳定状态,之后(30～300 d)这些区域受深部煤体的蠕变效应影响,应力集中状态有所加强,但不明显。巷帮的卸压状态及其演化规律与顶板和底角附近类似,同样的范围有所扩大,但不明显;同时应该注意到,该支护方式下巷帮深部并没有形成应力集中,这说明该支护对围岩应力优化作用明显。底角在强化作用下仍然存在应力集中现象,这主要是受底板与支护体呈锐角形态影响,但整体处于可控状态。

综上所述,根据巷道的围岩应力分布云图及相关曲线,优化后的旋喷加固支护体系不仅可进一步增强自身承载能力,也可提高煤体的承载能力,优化围岩应力环境,同时可进一步缩短围岩应力状态稳定时间,控制效果较佳。

3) 巷道围岩塑性区演化规律

巷道围岩塑性区随时间(1 d,3 d,7 d,15 d,30 d,300 d)的变化显示于云图 5-21。

由图 5-21 可知,由于旋喷加固及底角强化作用,巷道开挖 1 d 后巷表几乎没有发生破坏,而对于大部分未支护的底板来讲,巷道底角处以压破坏为主,底板中部及附近以压拉破坏为主。3 d 后,巷道两帮产生小部分压剪破坏,同时底板的破坏范围进一步扩大。随着时间的增长(7 d),塑性区向帮部煤体扩展,顶板也开始出现破坏。至 15 d 时,巷道围岩的塑性区发育基本处于稳定状态。顶底板及帮部的破坏区域在之后(30～300 d)并没有出现明显的扩展现象,或者说扩展速度极小。注意到,即使在 300 d 时,帮部破坏区范围依然在锚杆的锚固范围之内,这可以有效地预防煤体的冒落,起到积极的保护作用。具体的巷道围岩

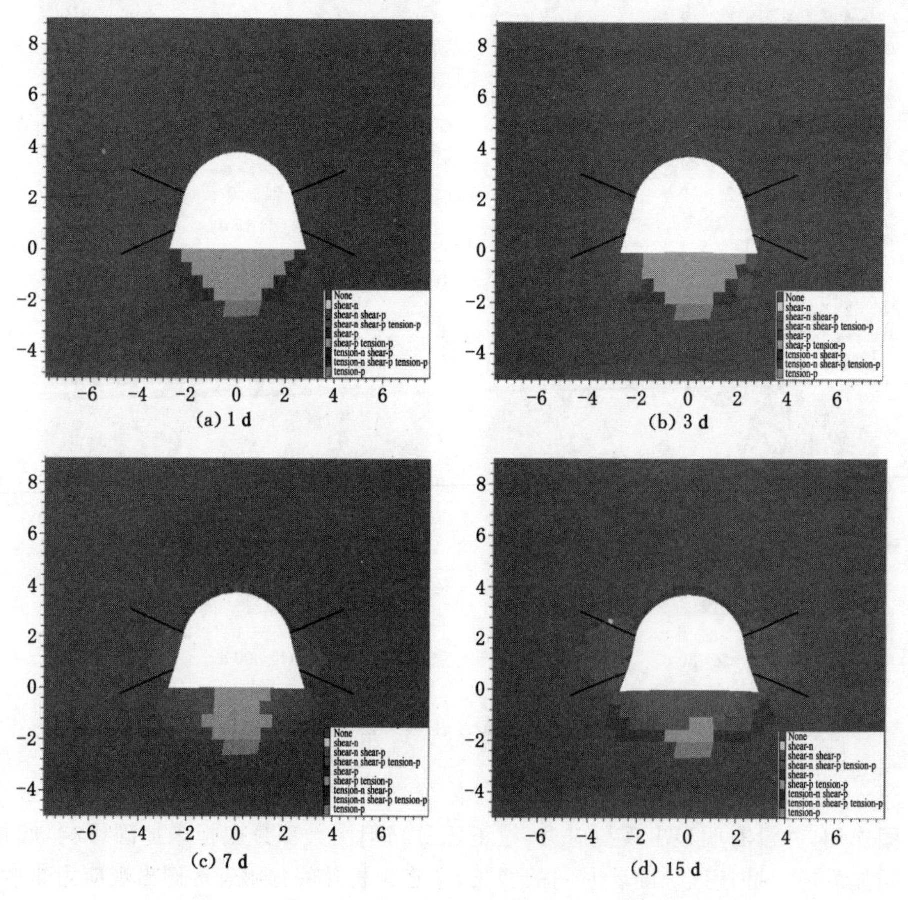

图 5-21 优化旋喷加固巷道围岩塑性区随时间的变化云图

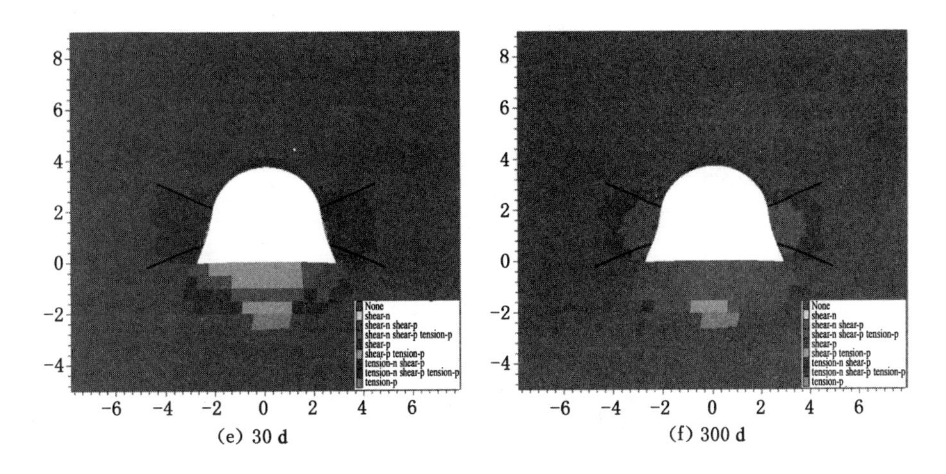

(e) 30 d　　(f) 300 d

图 5-21(续)

破坏深度与时间的关系如表 5-5 所示。

表 5-5　优化旋喷加固巷道围岩破坏深度

时间/d	1	3	7	15	30	300
顶板破坏深度/m	0	0	0.2	0.3	0.4	0.4
底板破坏深度/m	2.8	2.8	2.8	2.8	2.8	2.8
帮部破坏深度/m	0	0.2	1.2	2.1	2.1	2.1

由图 5-21 和表 5-5 可知,优化旋喷加固巷道的塑性区发育在 15 d 左右基本完成,后期存在极小的塑性区面积扩展现象,但不明显。与未经优化的旋喷加固巷道相比,该技术可以明显减小帮部的塑性区范围,使其处于锚固区范围内,为维护巷道的长期稳定奠定了基础。

5.5　支护方案的综合对比分析

由以上分析可知,旋喷加固及优化旋喷加固技术对于控制松散煤体巷道的流变效果十分显著,具体可以体现在多方面。本节对上述提及的三种控制方案进行横纵向对比,直观地显现各方案的控制效果,如表 5-6 和图 5-22 所示。

表 5-6　三种方案对巷道的控制效果

比较项目	传统支护方案(A)	旋喷加固支护方案(B)	优化旋喷加固支护方案(C)
顶板最大位移/mm	260	150	80
帮部最大位移/mm	463	170	100
顶板最大变形速率/(mm/d)	20.0	8.5	7.8
帮部最大变形速率/(mm/d)	18.5	7.0	5.7

表 5-6(续)

比较项目	传统支护方案(A)	旋喷加固支护方案(B)	优化旋喷加固支护方案(C)
最大主应力应力集中系数	1.36	1.32	1.15
最大主应力峰值点距巷帮距离/m	4.0	3.3	2.6
顶板破坏深度/m	2.5	0.4	0.4
帮部破坏深度/m	3.6	3.1	2.1
巷道稳定时间/d	60	30	15

由表 5-6 和图 5-22 可知，与传统支护方案对比，在围岩变形方面，旋喷加固支护方案不仅明显减小了变形更减小了变形速率，优化旋喷加固支护方案控制围岩变形效果更好，具体地，这两种方案顶板变形降低了 42%和 69%，帮部变形降低了 63%和 78%；类似地，旋喷加固支护方案优化了煤体内的应力环境，使最大主应力峰值降低，同时减小了应力峰值点距巷帮距离，这意味着提高了煤体的承载能力、减小了巷帮应力释放区的范围，优化旋喷加固支护方案效果更优，具体地，这两种方案应力集中系数降低了 3%和 15%，峰值点距巷帮距离

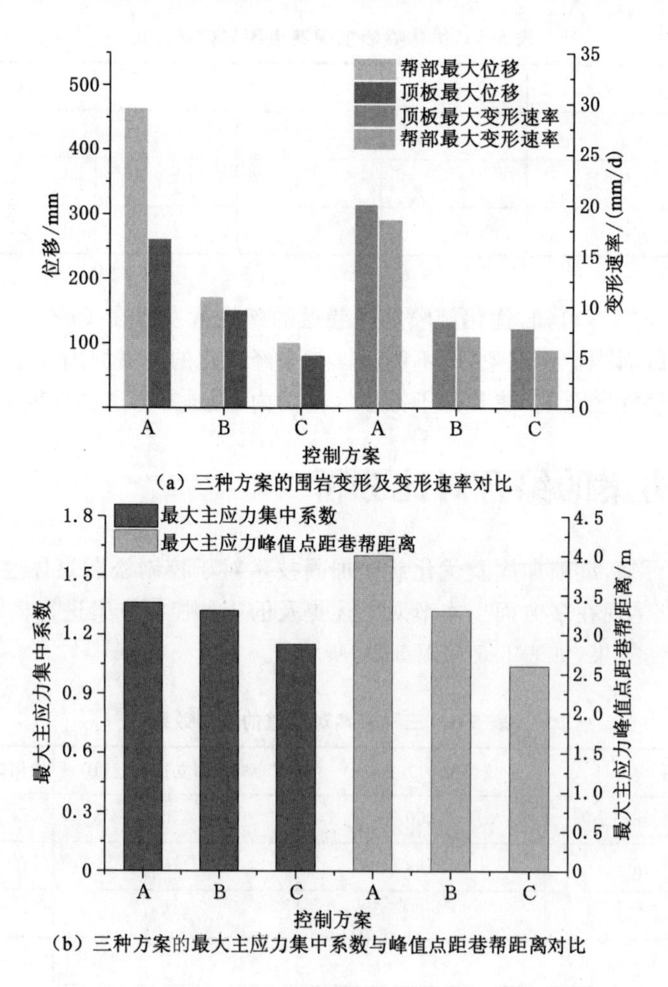

(a) 三种方案的围岩变形及变形速率对比

(b) 三种方案的最大主应力集中系数与峰值点距巷帮距离对比

图 5-22　三种方案对比图示

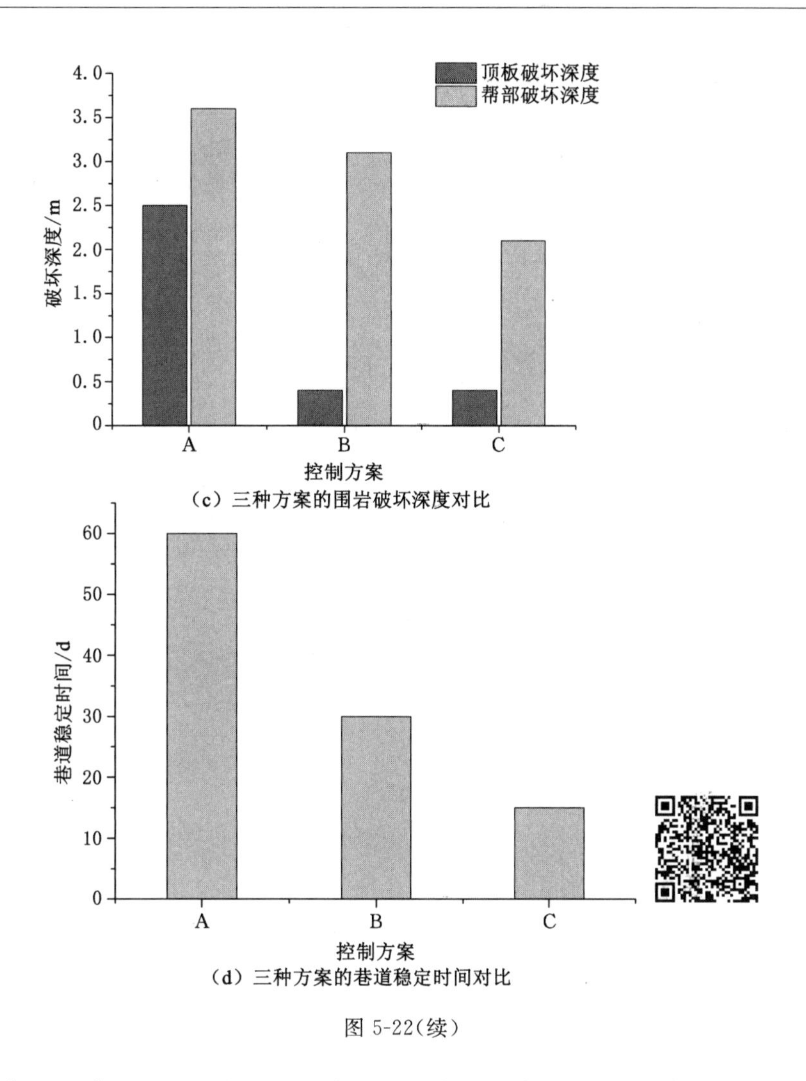

(c) 三种方案的围岩破坏深度对比

(d) 三种方案的巷道稳定时间对比

图 5-22(续)

降低了 18%和 35%;在塑性区控制上,旋喷加固支护方案明显减小了顶板及两帮的塑性区范围,尤其在顶板的控制上效果非常明显,优化旋喷加固支护方案效果更好些,具体地,这两种方案顶板破坏深度都降低了 84%,帮部破坏深度分别降低了 14%和 42%;将巷道开始缓慢减速流变的时间点定义为巷道稳定时间,由此,旋喷加固支护方案可以明显缩短巷道稳定时间,优化旋喷加固支护方案效果更明显,具体地,这两种方案巷道稳定时间分别降低了 50%和 75%。

综上所述,由三种控制方案的量化对比得到:优化旋喷加固支护方案(C)优于旋喷加固支护方案(B),这两种方案都远优于传统支护方案(A)。旋喷加固可以明显地改变巷道煤体的流变特性,控制效果较好。本章对旋喷加固技术进行了系统的、全面的、有益的模拟研究和思路上的探索,在实际应用中可能也会有新的情况产生,这有待实践检验。松散煤层巷道大流变控制是极具挑战的课题,希望本书提出的这种思路和方案可以为矿山工程师和实践者提供必要的理论基础和数据参考,以期不断推动软岩巷(隧)道围岩控制领域的发展和进步。

6 水平高压旋喷扩孔成桩现场试验

当一项新技术在工程领域应用时，一般有着“先实践，后总结”的特点，这种方式虽然在一定程度上可加速新技术的推广，但设计和建设主要靠摸索，会存在一定的隐患。虽然本书提出的水平高压旋喷技术在近地表的软弱土层隧道加固中已经成功应用多年，是一项非常成熟的技术，但也要注意，该技术在处理较深的土层时，由于受到土压力和地下水的影响，一般通过试验确定其适用性。对于深部松散软煤层巷道，高压旋喷技术的应用应考虑三个问题。

① 在常规浅表的隧道条件下通常应用土压力来计算受力，土体中的旋喷桩体直径受侧向压力影响较大，而基于经典土压力得到的旋喷桩体直径的经验公式在大埋深的煤层巷道中是否适用。

② 由于巷道的埋深较大，同时受断层等地质构造影响，巷道应力环境复杂，地应力较大，这是否会影响该技术的应用。

③ 地表的土体强度较低，深部松散煤体虽然强度也低，但煤体受较大的地应力挤压作用紧密聚集，高压射流是否对其具有破坏作用。

这三个问题直接关系该技术由浅表隧道加固迁移到深部煤层巷道加固的可行性。试验前，有必要对其进行简单的定性分析，具体的综合分析评判涉及以下几方面。

① 由于关键层的存在，煤层一般处于稳定的大结构下，成熟的岩石力学和岩层控制理论认为煤体实际承受的载荷不能用常规土压力来计算，所以基于经典土压力得到的旋喷桩体直径的经验公式在大埋深的煤层巷道中无法应用。

② 实践中，旋喷前一般向煤体中钻直径较大的孔，该孔一方面是旋喷钻头的回撤空间及部分碎渣的排出通道，另一方面也起到对煤体的卸压作用。由经典的弹塑性力学中孔的周围应力分布可知，在煤体中钻孔后，孔表面的应力极低，随着径向距离的增加，切向应力先升高再降低至原岩应力状态。因此，煤层虽然受到高地压影响，但煤层中钻孔表面应力远低于地应力，高地压不是限制该技术应用的瓶颈。

具体过程阐释如下：因高压射流破坏冲击力远高于钻孔卸压后表层煤体强度，若高压射流持续对煤孔进行切割冲刷，则应力峰值将一直向深部转移。因此，理论上扩孔的大小仅与射流区域的冲击强度有关，即伴随着射流距离的增加，射流冲击能力逐渐衰减，直至等于或小于煤壁的屈服破坏强度，此时为最大旋喷半径；但限于实际的射流压力工况、切割下来的煤的排渣问题、存在的水垫效应、旋转速度、切割时长等，高压旋喷实际成孔大小应由试验得到。

③ 高地应力状态实际上影响的是松散煤层的密实程度，这也是为什么巷道开挖前松散煤层处于完整状态，而开挖后即呈现“松、散、垮、软”的特性。巷道开挖卸压前，松软煤层在地应力作用下紧密地挤压在一起；开挖后煤层卸压，重新分布的应力远超煤层承载能力而使其破坏。据此，涉及旋喷射流是否可以对小范围卸压情况下的钻孔周围压密煤体进行切割

破坏问题。根据分析和大部分的水射流在煤层中的应用效果，高压射流破煤成孔是有效的，而具体的效果如何需要经过试验验证。

因此，鉴于上述分析，本书提出的高压旋喷注浆在松散煤层中的应用，应本着安全、经济的原则，选择“先试验、后评估”的步骤。本章将对高压旋喷技术在松散煤层中的试验进行详细介绍。

6.1 试验地点工程地质概况

1）工程概况

试验地点选在涡北矿 8205 工作面风巷，具体位置见图 6-1。巷道断面形状为拱形，规格为净宽×净高＝4 800 mm×3 800 mm。现有支护方式为传统的锚网喷支护，滞后工作面 10 m 套棚进行二次支护。巷道沿现有 8 煤底板掘进。

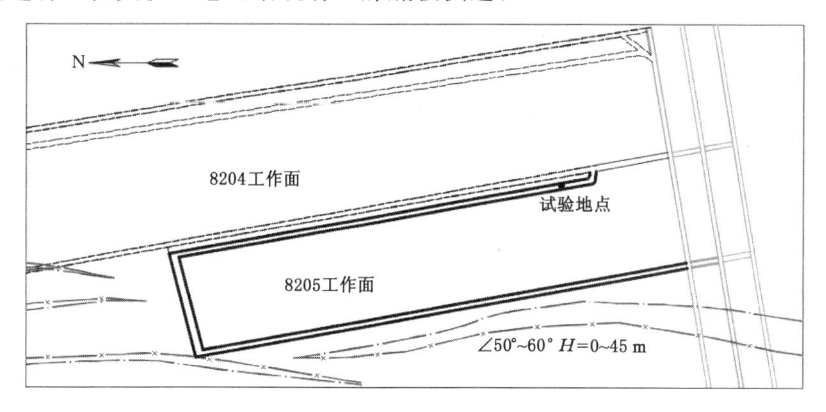

图 6-1 工作面布置平面图及试验地点

2）围岩地质条件

8_1煤与 8_2煤均呈粉末-碎块状；8_1 煤厚 3.8～6.3 m，平均 4.8 m；8_2煤厚 2.6～4.8 m，平均3.5 m，局部含 1 层夹矸，厚约 0.5 m，岩性均为泥岩。8_1煤、8_2煤之间的夹矸为灰-深灰色块状泥岩，含植物化石，厚 0.8～6.0 m，平均 2.5 m。煤层与夹矸总体呈由外向里逐渐变薄的趋势。岩层柱状图与 8204 工作面的类似，在此不再赘述。

3）地质构造

根据三维地震勘探及相邻巷道揭露资料，8205 工作面风巷在掘进施工过程中要揭露 5 条断层。断层情况如表 6-1 所示。

表 6-1 断层情况

断层名称	走向/(°)	倾向/(°)	倾角/(°)	性质	落差/m	对掘进影响程度
.Ⅱ04F_1	195	285	60	正	1.5	有一定影响
Ⅱ04F_2	210	300	30	正	1.5	有一定影响
Ⅱ04F_3	158	248	45	正	2.0	有一定影响
Ⅱ04F_7	4	94	80	正	2.0	有一定影响

4）水文地质

该工作面上限距“三隔”底部泥灰岩及“四含”底界约 313 m，下距“太灰”约 118 m。因此，“四含”水和“太灰”水对该工作面采掘活动均无直接影响。影响该工作面的主要水源有 8 煤组顶底板砂岩裂隙水、8204 工作面老空水。该区段 8 煤组基本顶为粉砂岩-细砂岩，厚 21.11～24.25 m，平均22.9 m。根据对相邻工作面 8203 工作面机巷及 8204 工作面机巷、风巷掘进情况的分析，砂岩含水层富水性较弱，断层导水性差，但在裂隙发育的断层带附近有时会出现短暂出水情况。

6.2 试验目的与实施步骤

由于巷道沿煤层底板掘进，顶板及两帮被松散软弱的煤体裹覆；在掘进过程中，巷道顶板煤体易冒落垮塌，两帮变形严重。巷道顶底板及两帮变形随时间的延长有逐渐加大趋势，流变现象显著。这种现象在相邻的 8204 工作面巷道掘进过程中也有类似显现，前面已有论述。鉴于此，决定在该巷道进行水平高压旋喷注浆加固松散煤体试验，试验时观测水平旋喷在松软煤层中的成桩情况，包括成桩直径、成桩质量、浆液渗透情况。另外，试验的实际操作也是为后续推广应用积累经验，提供依据，明确各环节所需注意事项。因此，选择在掘进工作面进行钻孔旋喷试验研究，待该阶段试验结束后，总结经验，量化支护设计，形成巷道控制方案，即用超前旋喷桩预加固松散煤层方法，解决巷道松散破碎煤体顶板难控制、两帮移近凸显、流变现象严重等问题，综合提高掘进和回采效率，降低支护及维护成本，确保巷道在掘进和回采期间安全稳定。主要旋喷工艺示意见图 6-2。

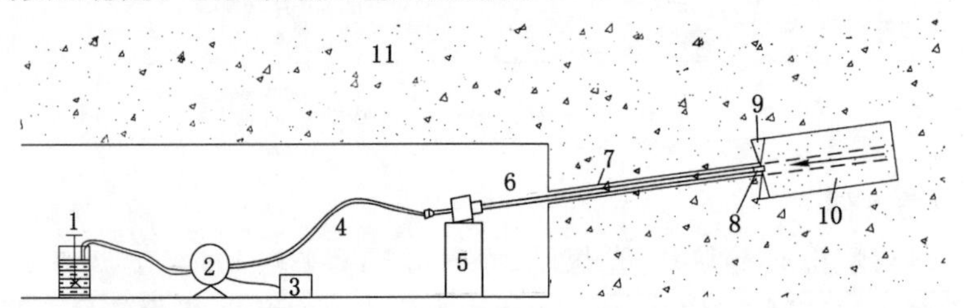

1—搅拌桶或水箱；2—高压水泵；3—变频器；4—高压管；5—钻机；6—高压钻杆；
7—钻孔；8—旋喷钻头；9—高压射流；10—旋喷加固桩体；11—松散煤体。

图 6-2　高压旋喷加固松散煤体示意图

(1) 先用钻具在煤壁上钻一定深度的孔，然后将钻头退出换成高压旋喷钻头，并再次将高压钻杆和旋喷钻头放到孔底附近。

(2) 将钻杆的尾部用高压管与高压水泵相连，高压水泵由变频器控制相关参数。当开动高压水泵时，经过过滤的水泥浆或者在水箱中的清水经高压水泵加压到达旋喷钻头。此时开动钻机旋转钻杆带动高压旋喷钻头旋转，切削、冲蚀松散煤体，对钻孔进行一定程度的扩大。

(3) 在钻头旋转过程中，钻杆不断地缓慢回退，若此时旋喷浆液为水泥浆，则切割下来的煤粒与水泥浆在高速搅拌过程中会形成均匀的煤浆混合物，凝固后即旋喷加固桩体。

(4) 随着钻杆的不断回退，旋喷加固桩体的长度逐渐加大，最终距孔口一定距离后停止旋喷，防止高压射流冲破煤壁伤人。因此，完整密实的旋喷加固桩体就在煤体内部形成，可从根本上改变原有的松散破碎的原煤性质，形成强度高、抗变形的煤浆加固体。

（5）施工完一个桩体，在另一侧施工下一个旋喷加固桩体。当沿着巷道周围施工一圈层旋喷加固桩体时，由于桩体之间的咬合和固结作用，便形成一圈坚固可抗变形的煤浆加固体，从而显著降低松软煤层的流变变形以及巷道移近量。

6.3 相关设备选型

由于高压旋喷注浆技术是首次在煤矿上应用，要综合考虑设备的地质环境适应性、易操作性、经济性和稳定性，结合多方面的咨询、文献查阅、理论计算、工程经验和案例分析、实地调研等手段，统筹考虑决策，选定主要的设备如下。

1）钻机

钻机的选型应该考虑以下几方面因素：① 由于该煤层松散易塌孔，成孔率不稳定，应适当增大钻孔直径，避免出现旋喷堵孔现象，这就要求钻机具有较大的转矩、给进力和起拔力。② 在旋喷注浆过程中，高压高速浆液将钻孔周围低强度松散煤体切割击碎下来，掉落于钻孔内，旋转的高速水泥浆液将煤粒与水泥搅拌，两者结合形成煤浆混合物。在此过程中，钻孔应尽可能的大，形成的钻孔直径越大，掉落下的松散煤粒的孔隙率越高，水泥浆液进入这些孔隙中可以更好地胶结散煤粒，水泥浆液相对含量越高，所形成的煤浆混合体强度就越高。③ 钻机不仅应具有钻的能力，更应该具有定速、低速回撤能力，转速要稳定。参考煤矿中用于形成大直径瓦斯抽采钻孔的钻机，旋喷项目所选的用于成孔和旋喷注浆的钻机为ZDY6500LP型煤矿用履带式全液压坑道钻机，该钻机由中煤科工西安研究院（集团）有限公司生产，如图6-3所示。ZDY6500LP型煤矿用履带式全液压坑道钻机是一种履带式分体钻机，其分体部分单独行走，可实现开孔、钻进、倒杆、加杆等一系列操作，主要技术参数见表6-2。

图6-3 旋喷所用钻机实物图

表6-2 ZDY6500LP型钻机主要技术参数

配套钻杆直径/mm	73/89 外平钻杆
螺旋钻杆直径/mm	73（叶片 100/110）
钻机质量/kg	8 100

表 6-2(续)

额定转矩/(N·m)	1 750～6 500
额定转速/(r/min)	60～200
主轴倾角/(°)	－90～＋90
方位角/(°)	－90～＋90
主轴高度调节范围/mm	1 636～2 736
最大给进/起拔力/kN	125/190
给进/起拔行程/mm	1 300
给进/起拔速度/(m/s)	倒杆工况 0～0.2,钻进工况 0～0.04

2) 高压注浆泵

高压注浆泵(高压水泵)是产生高压浆液的设备,用来增加浆液压力,将浆液从喷头高速喷出。高压水泵在煤矿的水射流切割煤体、水压致裂、水力冲孔、水力钻孔等方面得到了广泛应用。经过查阅文献、实地调研,煤矿领域高压水泵的压力为 16～80 MPa,流量为 30～250 L/min。另外,实验室试验得到的能反映现场原煤性质的等效松散煤块的单轴抗压强度极低,为 0.5～3 MPa,抗拉强度一般为单轴抗压强度的 1/10,为 0.1～0.3 MPa。同时根据实际情况下圆形钻孔围岩的三分区(塑性流动区、塑性软化区、弹性区),钻孔壁附近处于完全卸压状态,孔壁径向一定范围的煤体处于塑性流动区,强度降低(为残余强度)。结合高压水射流破煤的机理分析可知,当高压水打击力超过煤体的抗剪、抗拉强度时,煤体即破坏。考虑煤矿井下的作业环境恶劣,较长的浆液管路造成的沿程阻力损失大,结合众多的工程实践和实验室试验,选择天津市聚能高压泵有限公司生产的 ZB8.9-12.7/19-27-75 型煤矿用高压注浆泵。该注浆泵流量为 8.9～12.7 m^3/h(148～212 L/min),工作压力为 19～27 MPa,额定功率为 75 kW,满足高压喷射流对松散煤体的切割和冲击要求。整机由主泵、变速箱、机座、安全阀、逆止阀、电动机及专用工具等组成。高压注浆泵设备如图 6-4 所示。

(a)

(b)

图 6-4　选用的高压注浆泵

3）变频器

高压水泵由较大的电动机带动，电动机功率高，为降低它启动时对电网的影响以及减小启动时对自身的动张力和冲击力，选用 BPJ1-160/1140 矿用隔爆兼本质安全型交流变频器，由淮南万泰电子股份有限公司生产，如图 6-5 所示。该设备是一种集全数字式变频调速技术及相关散热技术为一体的产品，具有在线控制功能，可根据电动机的负荷变化，调整电动机工作电源频率和电动机输出功率，从而达到所需转矩，可提高空载情况下的功率因数。变频器的应用，一方面可减小电动机突然启动作用于高压水泵的大转矩应力，另一方面可大大减小启动电流对供电系统的冲击。以上作用可以提高设备的使用寿命，减少维护时间，提高该高压旋喷系统的稳定性和安全性。

图 6-5 BPJ1-160/1140 矿用隔爆兼本质安全型交流变频器

4）钻头（喷嘴）

高压旋喷钻头的设计，首先要确定喷嘴的当量直径。一般而言，高压浆液发生装置的高压注浆泵是基于正排量设计的，即单位时间内泵排出的高压浆液流量固定，浆液经管线进入喷嘴，形成射流，射流流量也就是泵的流量。泵排出的浆液通过喷嘴的小孔需要有一定的流速，这就需要泵的压力来驱动。即当喷嘴的尺寸确定后，泵排出的浆液要全部经过喷嘴射出，泵要提供相应的压力；反过来讲，若泵的压力和流量确定后，喷嘴的直径也应该与之相匹配。

对于单个喷嘴，喷嘴的直径和射流的压力、流量有如下关系：

$$d = 0.69\sqrt{\frac{q}{n\mu\varphi\sqrt{\frac{p}{\rho}}}} \tag{6-1}$$

式中 d——喷嘴的直径，mm；

q——射流的流量，L/min；

n——喷嘴个数；

φ——流速系数；

μ——喷嘴流量系数；

p——射流的压力，MPa；

ρ——喷射浆液的密度，g/cm^3。

若不考虑浆液从泵的出口到喷嘴入口的沿程阻力损失，则泵的额定压力即射流压力。对于高压水射流系统而言，沿程阻力损失相对泵压很小，可以忽略。喷嘴流量系数是经验常数，一般取 0.95，圆锥形喷嘴流量系数一般取 0.97；喷嘴个数设计为 2 个；为使该旋喷系统具有多功能性，即兼顾喷射高压水和高压水泥浆液，取水的密度为 1 g/cm^3，取水灰比为 0.8 时，水泥浆液密度为 1.6 g/cm^3。不同压力和流量组合下，喷嘴直径计算结果如表 6-3所示，可得喷嘴直径在 1.86～2.73 mm 之间，平均为 2.28 mm。现场应用时泵压和流量是变化的，不能为了使注浆泵功率保持最优化而随时更换喷嘴，因此考虑喷嘴的经济性和普适性，取喷嘴直径为 2.2 mm，如图 6-6 所示。

表 6-3　喷嘴直径计算结果

喷射流体	射流压力/MPa	射流流量/(L/min)	喷嘴直径/mm
高压水	27	70	1.86
	19	100	2.73
高压水泥浆液	27	70	2.09
	19	100	2.43

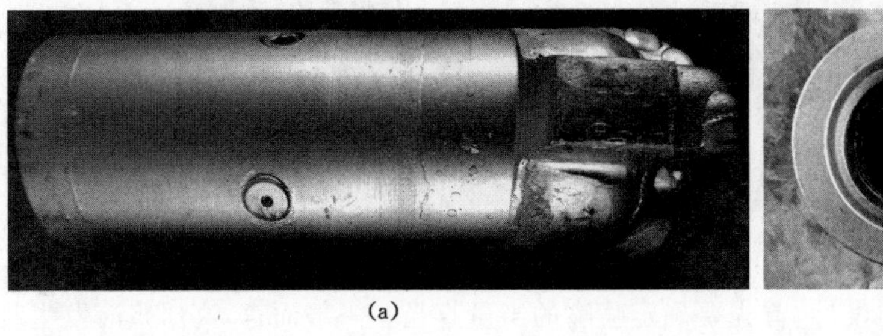
(a)

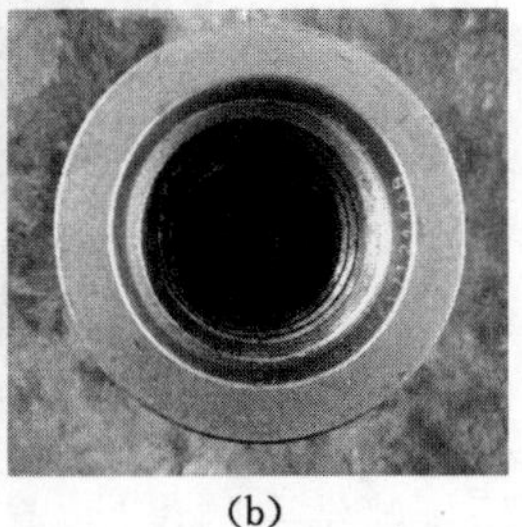
(b)

图 6-6　选用的钻头

5）钻杆

钻杆是将旋喷钻头和从泵站进来的高压浆液连接起来的装置。由所选的高压注浆泵参数可以看出，该系统的最大压力为 27 MPa，因此必须保证钻杆绝对安全，以防止高压水冲破杆壁而伤人。高压水通过钻杆，因此需要对钻杆及接头的强度和厚度进行校核。钻杆所用材料一般为钢材，应用弹性力学知识，可将钻杆的截面视为圆筒，受均匀的内压力作用，所以钻杆内任意一点的应力为：

$$\sigma_r = -\frac{\dfrac{R^2}{\rho'^2} - 1}{\dfrac{R^2}{r^2} - 1} p \tag{6-2}$$

$$\sigma_\theta = \frac{\dfrac{R^2}{\rho'^2} + 1}{\dfrac{R^2}{r^2} - 1} p \tag{6-3}$$

式中　σ_r, σ_θ——钻杆内径向和切向应力，MPa；

ρ'——任一点到内壁的距离，mm；

r,R——钻杆内径、外径，mm；

p'——浆液压力，MPa。

由式(6-2)和式(6-3)可得，最大径向和切向应力产生在钻杆的内壁，即当 $\rho'=r$ 时，此时：

$$\sigma_{r\max} = -p \tag{6-4}$$

$$\sigma_{\theta\max} = \frac{R^2 + r^2}{R^2 - r^2} p \tag{6-5}$$

设钻杆内壁所受最大压力为 27 MPa，安全系数为 4，则应选用屈服强度大于 200 MPa 的钢材。考虑经济性及钻孔过程与煤体的摩擦消耗，推荐选用 $45^{\#}$ 低碳素结构钢。钻杆外径为 73 mm，则钻杆壁厚至少为 8.2 mm，设计壁厚为 10 mm。钻杆与接头紧固在一起时，接口厚度为 15 mm，安全性较高。所选用的钻杆见图 6-7。

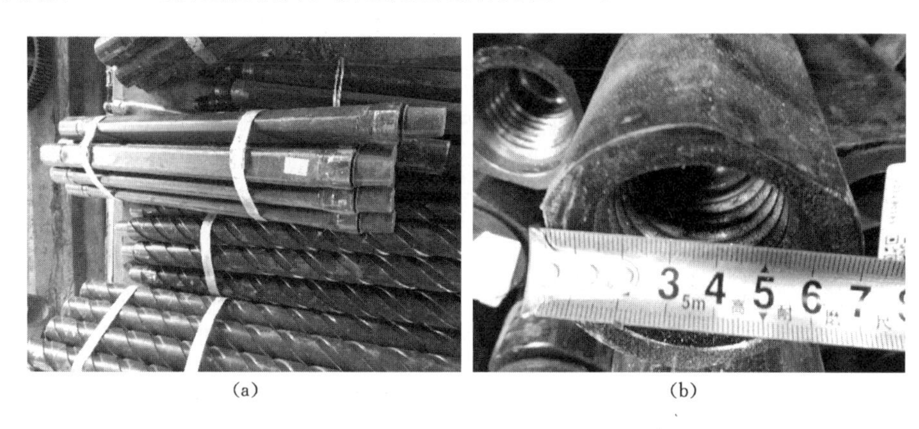

(a)　　　　(b)

图 6-7　选用的钻杆

6.4　高压射流影响因素分析及井上试验

1）高压射流打击力计算

高压射流作用于煤体表面，其速度和方向均发生改变，因此射流的动量也发生改变。这种改变是由射流与煤体间的作用力引起的。这种作用力可以使煤体发生破坏，这种破坏力称为射流打击力。根据动量定理得到作用于煤体表面的打击力：

$$F = \rho q v(1 - \cos\beta) \tag{6-6}$$

式中　F——射流作用于煤体上的打击力，N；

ρ——流体密度，kg/m^3；

q——射流的流量，m^3/s；

v——射流的流速，m/s；

β——射流方向变化角度。

设射流击打煤体后完全反射，即 $\beta=180°$，则打击力为：

$$F = 2\rho q v \tag{6-7}$$

根据喷嘴处流体的动压公式：

$$p = \frac{\rho v^2}{2} \tag{6-8}$$

式中　p——射流压力，Pa。

将式(6-8)代入式(6-7)，可得打击力的另外一种形式：

$$F = 2\sqrt{2} q \sqrt{p\rho} \tag{6-9}$$

若要提高射流破坏煤体的能力，应提高射流的打击力。由式(6-9)可知，在流体密度不变的情况下，打击力与射流流量 q 及射流压力的平方根$\sqrt{p}$成正比。因此，在相同情况下，要获得较大的破坏力，增加流量比提高射流压力更高效。当压力一定时，增大射流流量则打击力增大，同时也会增加机组的功率，机组往往会过载运行，成本增加。另外，高压射流切割下来的碎煤颗粒在较大的射流流量下会被冲出钻孔，要形成等体积的煤浆加固体，水泥浆用量就要增多，水泥成本也增大，故高压旋喷射流流量要控制在合理的范围内。射流压力决定射流的速度，是破煤、割煤能力的重要影响因素。当喷嘴尺寸一定时，增大射流压力，可以提高破坏能力；类似地，也会增加机组的功率，过载运行成本增加。同时需要注意的是，若喷嘴压力过高，射流的形态会发生变化，射流的雾化严重，破坏能力反而降低，故射流压力也要控制在合理范围内。

2）旋喷设备地面联调联试

在进入井下高压旋喷之前，需要在井上进行联合试验，以检测各部分连接性能，是否有泄漏点，各设备之间是否匹配，喷雾形态，以及不同流量档位适用性等。将钻杆一端接旋喷钻头，另一端接高压管；将高压管连接到注浆泵出浆口；注浆泵入口处接水管并与水箱连接，同时注浆泵电动机与变频器连接，通过变频器控制试验开关；在电源接通、水箱储水良好的情况下开始进行试验。试验过程见图 6-8。

试验结果表明，各设备与管路间连接密实，无泄漏情况，密封情况良好。通过不同档位的流量控制，可以保持旋喷所需压力，射流压力保持在 19～27 MPa，满足井下旋喷压力要求。变频器频率为 20～30 Hz 时无法进行旋喷，达 30～40 Hz 时可解决注浆泵超压问题，喷射效果良好。从射流形态来看，射流稳定，射流初始段雾化不严重，扩散角较大，适合井下高压击打松散煤体。

（a）管路连接及钻杆钻头固定

图 6-8　地面旋喷调试

（b）旋喷高压水喷出形态

图 6-8(续)

6.5 井下旋喷成桩方案设计及要求

1）试验前准备

采用经过选型和地面联机调试确认的设备。为保证试验顺利进行，进行了如下准备：① 在8205 工作面风巷掘进工作面准备施工平台，以便于钻机及其他设备安放，平台宽 4.8 m，长 6 m，底面距巷道中顶 3.5 m；由于风巷为仰斜施工，平台和后面巷道底板要采用平缓斜坡过渡，并进行标识，见图 6-9。② 将耙矸机移至阶段车场，不影响旋喷施工。③ 检查确认风管水管，保证通畅。④ 在顶部安装吊挂锚杆，以便准确摆放设备，最终摆放位置如图 6-10 所示。⑤ 在风巷一侧施工水沟，与阶段车场水沟连通，并确保排水通畅。⑥ 检查供电线路，确保试验过程稳定供电。⑦ 对顶底板的支护进行细致检查，确保操作空间安全。

(a)

(b)

图 6-9 试验点标识及试验平台准备

2）高压旋喷水泥浆工艺流程设计

本次试验拟检验高压旋喷水泥浆液的成桩情况，工艺流程如图 6-11 所示，其中包括以下主要流程。

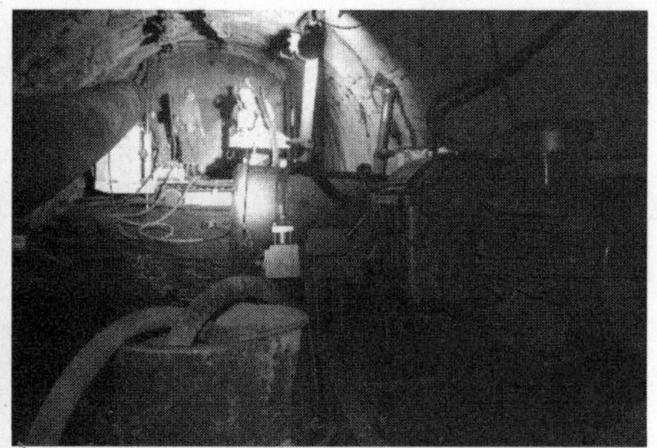

（a）井下各设备布置方式

（b）钻机、注浆泵、变频器、搅拌桶等设备

图 6-10　旋喷设备摆放位置

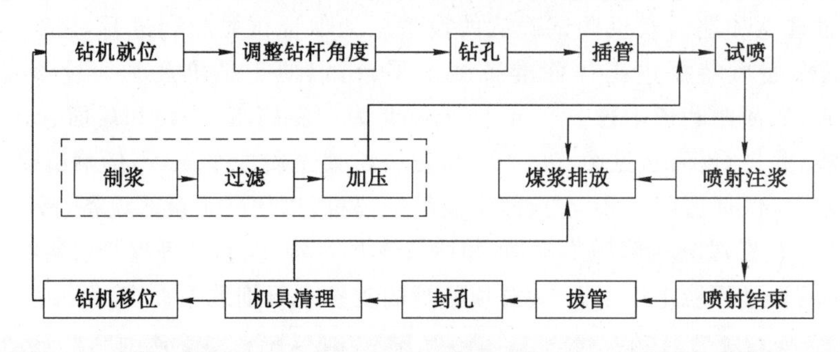

图 6-11　高压旋喷水泥浆液施工工艺流程

(1) 钻机预先成孔。利用钻机对掘进工作面进行钻孔作业，钻孔时在巷道中心点偏左 700 mm 位置开孔，见图 6-12(a)。钻孔仰角与巷道掘进方向保持一致，为 12°；孔深25 m；钻头直径为 123 mm；钻进速度根据现场情况动态调整，在煤层中钻进速度不超过 5 m/h。

(2) 水泥浆配制。选用强度等级为 32.5 的水泥，设定水灰比为 0.8∶1。浆液量需要满足旋喷最大量要求；浆液经过两次过滤，其颗粒粒径不得大于喷嘴直径后，才导入高压注浆泵，避免堵塞喷嘴。同时所配制水泥浆液搅拌必须均匀，用高速搅拌机搅拌，搅拌时间不少于 3 min，一次搅拌使用时间控制在 4 h 以内。

(3) 高压旋喷。成孔后，将高压旋喷注浆管下入预定的钻孔底部，开动注浆泵，先进行初期试喷，检查泵压流量等指标，达到设计标准，则进行高压旋喷水泥浆作业，旋喷压力为 23 MPa。同时，钻机钻杆缓慢旋转后退，旋转速度为 60 r/min，后退速度为 0.2 m/min。在孔底进行高压旋喷时，应该停留一段时间，再缓慢拔杆。整个旋喷过程应该连贯，不能间断，

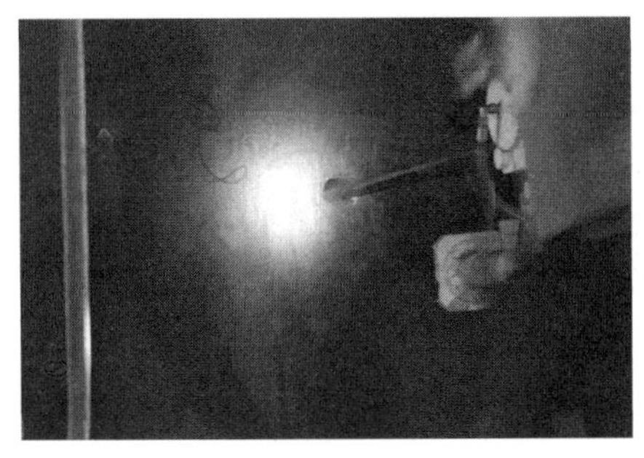

(a) 钻孔

(b) 旋喷时水泥浆返浆情况

图 6-12 高压旋喷水泥浆工艺实照

防止旋喷出现断桩情况。若因故障造成停机,停机时间在 30～120 min 内,则再次启动旋喷时复喷1 m;停机时间超过 2 h,则算断桩处理,需重新成桩。旋喷期间,应安排专人观察泵压变化,一旦发现泵压过低应及时停止喷浆,查明原因后再恢复高压喷浆。

(4) 封孔。当喷浆至距孔口 0.5 m 时,停止喷浆,拔出钻杆,进行封孔作业,暂停注浆泵和变频器。应注意的是,旋喷喷嘴在钻孔孔口附近时,应时刻注意控制压力和流量,防止伤人。

(5) 管道与设备清洗。每根桩施工完毕后都应用清水高压冲洗管道及设备,确保管道内不留残渣,以防止水泥浆液凝固而造成设备堵塞。清洗时喷头严禁对人。清洗完毕后移至下一桩位。

从现场高压旋喷水泥浆工艺实施效果来看,在进行高压旋喷水泥浆液步骤(3)时,水泥浆返浆严重[图 6-12(b)],孔口密封效果较差,大量浆液向孔外溢出,该试验方案不得不暂停实施。分析原因有以下几方面:① 钻孔位置选择不佳。通过后续的开挖来看,该钻孔长度范围内孔壁大部分为岩石,煤层段仅占钻孔长度的 1/5 左右,尤其在钻孔底部附近的十米左右,全部为夹矸层;高压旋喷水泥浆液难以对强度较高的岩石进行切割,喷射出来的水泥浆液由于没有可切割的煤粒的阻滞作用而全部返回,造成返浆。这是产生该现象的主要原因。② 孔口密封措施不足。在实际操作过程中,仅对孔口简单进行封闭,在钻杆回退和旋转过程中密封状况更加糟糕,甚至完全丧失密封效果,因此浆液呈现自流状态。③ 钻孔仰斜角度过大。由于钻孔沿着巷道掘进方向钻进,与水平面大概呈 12°,钻孔倾斜角度过大,旋喷的水泥浆部分受重力作用流出孔口。

鉴于以上原因,对可以改进或调整的步骤进行优化,对不能改变的地质赋存条件拟提出新的旋喷试验方法。具体分析如下:① 近水平旋喷工艺一般都存在一定仰角,以便该工作面掘进一定进尺后,搭接下一组旋喷桩;仰角可以减小但不能设置为完全水平或负角度。因此,可将现场钻孔仰角调整为 5°～8°。② 该掘进工作面围岩赋存状态特殊,先期的地质勘探报告并没有准确预报煤层及中间夹矸层的厚度及范围,造成钻孔长度范围内岩石段较长较多、全煤段较少较短,这种状况在该掘进工作面一时无法改变或调整。考虑若此时重新掘进要将所有的旋喷设备撤出,再引进掘进机开挖至含煤段,然后架设相关旋喷设备试验,过程烦琐,会大幅延长试验周期,造成重大经济损失。因此,拟提出新的旋喷试验方法,并对高压旋喷后的桩体直径和质量进行定量评判,而不是重新掘进新的工作面。

3) 高压旋喷水扩孔低压注水泥浆工艺流程设计

基于上述分析，提出用高压旋喷水扩孔再实施低压注水泥浆工艺。利用高压水的冲蚀、击碎、切割作用，扩大含煤段的钻孔孔径，而含岩石段的钻孔不作为研究对象，这样用水作为旋喷介质，可避免使用水泥浆液的回流浪费，从而显著降低试验成本；同时，沿孔口返回来的水不需要孔口密封装置，污水可以沿已经开掘的水沟排至水仓；扩孔后再带压注水泥浆可以保证煤体部分扩孔不塌孔，最大限度观测旋喷切割成孔范围，同时可以测试水泥浆结石体强度。试验结果的评定通过测量含煤段的水泥桩直径进行，由此可知高压旋喷水射流对松散煤体的破坏作用效果；对于岩石段，可提供对比和参照作用。调整后的旋喷试验工艺流程如图 6-13 所示，其中主要步骤如下。

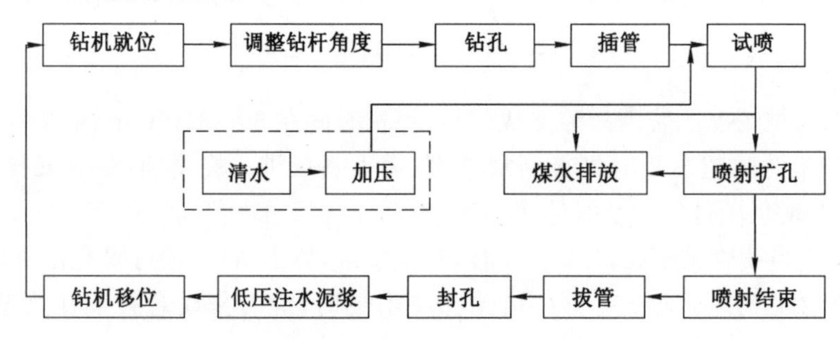

图 6-13　高压旋喷水扩孔低压注水泥浆工艺流程

(1) 钻机预先成孔。利用钻机对掘进工作面进行钻孔作业，钻孔时在巷道中心点偏右 700 mm 位置开孔，见图 6-14(a)。钻孔仰角为 8°，孔深为 25 m，钻头直径为 123 mm，钻进速度根据现场情况动态调整，在煤层中钻进速度不超过 5 m/h。

(a) 清水旋喷扩孔

(b) 封孔准备低压注水泥浆

图 6-14　高压旋喷水扩孔低压注水泥浆工艺实照

(2) 将高压旋喷管下入预定的钻孔底部，开动注浆泵，先进行初期试喷水，检查泵压流量等指标，达到设计标准，则正式进行高压旋喷水作业，旋喷压力为 23 MPa。同时，钻机钻杆缓慢旋转后退，旋转速度为 60 r/min，后退速度为 0.2 m/min。整个旋喷过程应该连贯，不能间断，防止对煤体段过度切割而造成孔径不一致。旋喷高压水期间，应安排专人观察泵压变化，一旦发现泵压过低应及时停止，查明原因后再恢复高压旋喷。

(3) 封孔[图 6-14(b)]。当旋喷高压水至距孔口 2 m 时，停止旋喷；当旋喷喷嘴在钻孔孔口附近时，时刻注意控制压力和流量，防止伤人。拔出钻杆，进行封孔作业，封孔段长度至少 2 m，选择速凝水泥材料封孔。

(4) 低压注水泥浆。选用强度等级为 32.5 的水泥，与清水拌和成水灰比为 0.8 的水泥浆。对完成旋喷扩孔后的钻孔注水泥浆，注浆压力保持在 4～5 MPa。

(5) 完毕后钻机移至下一桩位。

按照上述高压旋喷水扩孔低压注水泥浆的方案，在掘进工作面试验有效钻孔 8 组，待水泥桩体完全凝固后进行掘进工作面的开挖工作，同时记录开挖过程中成桩直径和桩体围岩情况；另外，取部分桩体进行强度试验，以检验成桩质量。

6.6 试验结果及其分析

6.6.1 巷道开挖支护与煤层条件观测

1) 开挖后巷道支护情况

旋喷后掘进工作面开挖状况见图 6-15，旋喷后的桩体在断面上清晰可见，图中白色圆形即旋喷桩。开挖后采用架棚支护，顶帮采用 U36 型钢，棚距为 0.6 m，帮部采用锚杆配合旧 U36 型钢锁腿梁补强支护。锚杆规格为 GM22 mm×2 400 mm，旧 U36 型钢长 850 mm。锚杆布置在两帮拱基处及距底板 300 mm 位置。后配合喷射混凝土施工，厚度为 30 mm。

(a) (b)

图 6-15 旋喷后掘进工作面的开挖状况

2) 巷道断面煤层赋存状态

巷道断面开挖后，煤的存在状态极差，不仅呈现倾斜的夹层状，被周围的夹矸层泥岩包围，且煤层厚度总体呈现从外向里逐渐变薄趋势。图 6-16 显示的是巷道中部煤层在不同掘进进尺下的赋存状态。

由此可见，由于钻孔在钻进过程中倾斜角度与煤层倾斜角度不能完全契合，加之煤层厚度不均匀，极易存在钻孔偏离煤层造成穿煤现象，大部分钻孔打进了岩石段，难以保证旋喷钻孔全长度为松散破碎煤体，拟期待的旋喷割煤破煤效果难以保证。

6.6.2 高压旋喷扩孔注水泥浆岩石段成桩效果

由于该巷道的特殊地质赋存状态，绝大部分钻孔处于泥岩层内，图 6-17 所示为典型的旋喷扩孔后桩体在岩层中的状态。可见桩体直径基本在 140 mm 左右，由于钻孔成孔直径在 130 mm 左右，高压旋喷水射流对质地较为密实、强度较高的泥岩冲蚀切割扩孔作用不明显，旋喷后断面呈现完整圆形。低压注水泥浆完全与钻孔黏结，固结成规则圆柱体，内部无杂质掺杂。分析认为，由于钻孔钻进速度较慢，岩石钻孔壁光滑，高压旋喷水射流可将钻孔时的泥岩粉末和扩孔阶段高压水冲刷下来的部分泥岩碎粒全部带出钻孔，因此结石体为纯

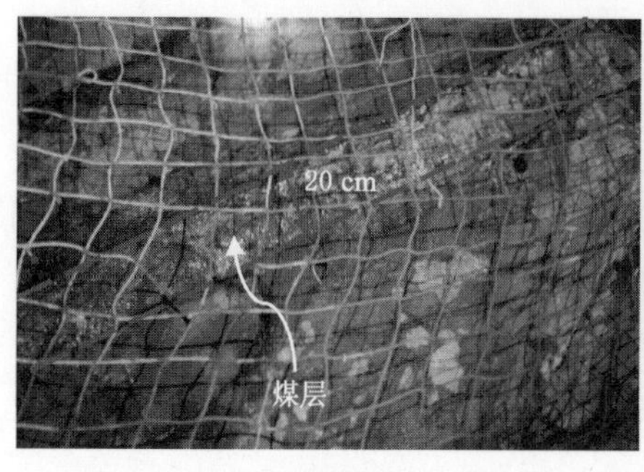

(a) 掘进10 m

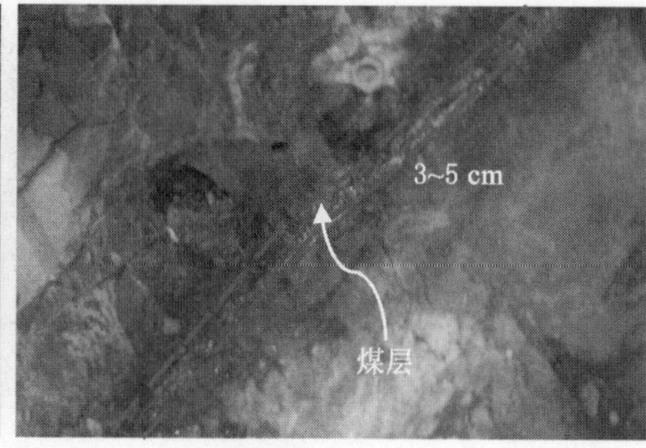

(b) 掘进15 m

图 6-16 典型掘进断面煤层赋存状态

水泥浆材,质地坚硬、强度较高。

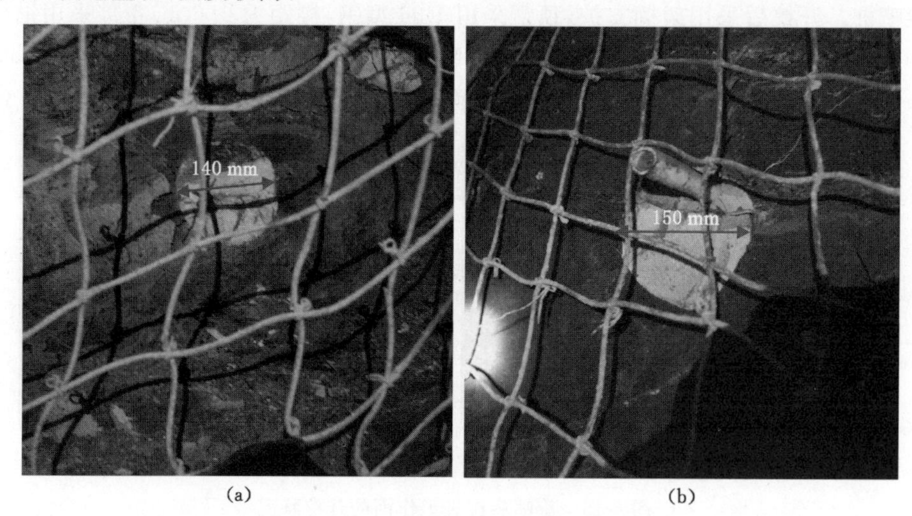

(a) (b)

图 6-17 典型的高压旋喷扩孔注水泥浆泥岩段成桩效果

6.6.3 高压旋喷扩孔注水泥浆煤层段成桩效果

当钻孔处于松软煤层中时,在高压旋喷水的冲蚀切割作用下,钻孔周围煤体遭到破坏,随着水的流出,部分切割下来的煤颗粒被冲出孔口,浆液呈浑浊的暗黑色。由图 6-18(a)可知,部分扩孔注浆后的煤浆体呈现椭圆状,这是由于该钻孔所在位置是由两侧泥岩所夹的煤层,高压水对松软煤层的切割破坏作用明显,而对泥岩几乎没有破坏作用。因此,高压水沿着煤层方向破坏范围大,垂直泥岩层方向破坏范围小,总体扩孔范围呈现类似椭圆状。当注水泥浆液时,残留在孔内的煤颗粒与浆液混合,然后凝固形成椭圆状结石体,结石体长轴长400～520 mm,扩孔效果良好。由图 6-18(b)所示旋喷桩体在掘进断面的整体情况可知,当钻孔在全煤层内时,旋喷桩体直径大致为 400～430 mm,形状较为规则,呈圆形,与周围煤体黏结在一起。相较断面内其他的岩石段钻孔,高压射流破煤效果显著,成孔效果较好。扩孔内壁在射流切割作用下较为粗糙,虽然高压水射流流量较大时会冲走大部分煤颗粒,但是仍然存在切割下来的部分煤颗粒阻滞于钻孔内部,这部分煤颗粒与注入的水泥浆液混合形成煤浆桩体。取下部分桩体,在实验室进行强度测定,强度较高。

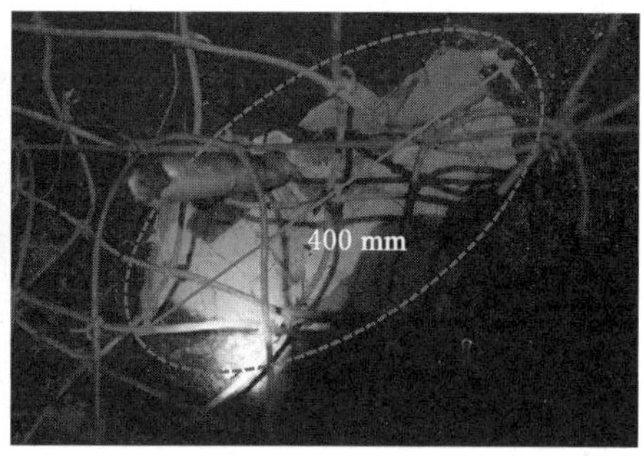

(a) 桩体处于煤层中受两侧泥岩夹持时的形态

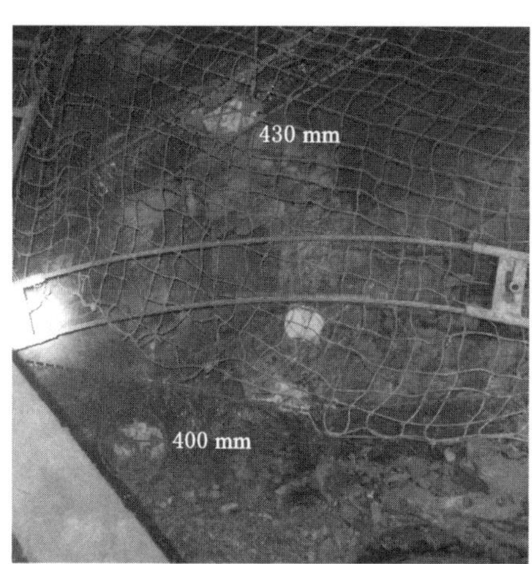

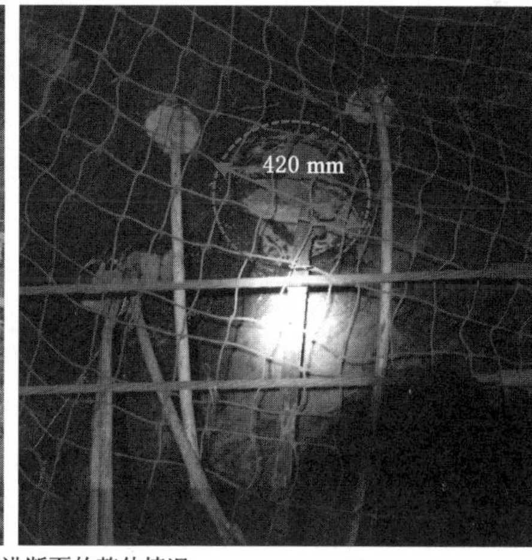

(b) 旋喷桩体在掘进断面的整体情况

图 6-18 典型的高压旋喷扩孔注水泥浆煤层段成桩效果

6.6.4 旋喷效果整体分析

综合上述掘进断面的煤层赋存状态，高压旋喷桩在煤层及岩石段的成桩情况及质量来看，高压水旋喷在松散煤体内扩孔效果良好，当射流压力为 23 MPa 时，煤层内成孔直径为 400～520 mm，注入的水泥浆液可与钻孔内煤颗粒凝结成质量较好、强度较高的煤浆桩体，基本满足预期设计要求。但试验过程中也发现了一些问题，这些问题影响或者限制着旋喷技术应用于预加固煤层巷道，总结起来有如下几点。

(1) 煤层的地质赋存状态决定试验的效果。若巷道围岩赋存状态探查不明，则极易影响试验结果。如试验巷道断面煤层的赋存状态，断面少煤多岩，整体扩孔效果不佳；岩石段扩孔效果差，而且在泥岩夹层内的煤体钻孔不规则且极易变形、坍塌、注浆效果较差。另外，第一种高压旋喷水泥浆工艺实施效果不佳也主要受地质环境影响，注入浆液基本在岩石段，在没有煤颗粒煤粉的阻滞作用下，回流严重。

(2) 旋喷压力仍有优化空间。从现场高压旋喷水扩孔工艺效果来看，形成的孔径基本满足要求。受实际试验射流压力沿程损失等影响，若要进一步增大孔径，一是要选择合适的旋喷压力，二是要合理确定钻孔长度以减小压力损失。

(3) 钻孔倾角需要优化。如前文所述，大倾角易导致水泥浆液的回流，而负角度和完全水平又不可取，因此，在搭接长度一定时，要结合钻孔长度优化钻孔倾角。

(4) 水泥浆优化。水泥浆的水灰比一方面决定浆液的浓度,某种程度上体现浆液自流的难易程度,另一方面决定着煤浆混合体的强度。因此,选取合适的水灰比非常重要。从现场旋喷注水泥浆情况来看,浆液水灰比仍有优化空间;另外,可以考虑在浆液中加入速凝剂以加快水泥浆与煤颗粒的凝固,同时应该控制喷射的浆液量和速度。

(5) 密封措施需要强化。因孔口的密封等问题,旋喷过程中部分浆液的外溢及损失无法完全避免。因此,适当强化孔口的密封措施可以减少水泥浆的消耗,降低成本。

综合以上分析,高压旋喷预加固松软煤层技术应用是可行的,煤层中旋喷成孔范围可以满足超前预支护要求,但是试验中也发现了需要优化的方面。下一阶段,主要从两方面考虑:

一方面关于现场旋喷试验优化。为增强高压旋喷水泥浆加固在松软煤层中的应用效果,应选择全断面松散煤层,提高旋喷压力,适当减小钻孔长度,优化钻孔倾角,适当降低水灰比并添加速凝剂如水玻璃等,优化旋喷钻杆旋转和回撤速度,强化孔口的密封性,以期推动这项松散煤层加固新技术能够取得很好的经济效益和控制效果。

另一方面关于旋喷后对煤体的整体加固和支护作用预先探索分析。通过数值分析等手段,对预先形成的旋喷桩体所具有的围岩加固及支护作用进行定量分析,揭示其对流变巷道的控制机制,探索形成完整的以旋喷改性加固为主要手段的松散软煤综合治理控制技术体系。

参考文献

[1] 蔡美峰.深部开采围岩稳定性与岩层控制关键理论和技术[J].采矿与岩层控制工程学报,2020,2(3):5-13.

[2] 何满潮,谢和平,彭苏萍,等.深部开采岩体力学研究[J].岩石力学与工程学报,2005,24(16):2803-2813.

[3] 范广勤.岩土工程流变力学[M].北京:煤炭工业出版社,1993.

[4] 潘东江.松散煤体的硅溶胶注浆渗透规律及长期固结稳定性研究[D].徐州:中国矿业大学,2018.

[5] 孙元田,李桂臣,钱德雨,等.巷道松软煤体流变参数反演的BAS-ESVM模型与应用[J].煤炭学报,2021,46(增刊1):106-115.

[6] 王路军.深部煤体流变—渗流—温度耦合模型研究[D].北京:中国矿业大学(北京),2019.

[7] 孙元田.深部松散煤体巷道流变机理研究及控制对策[D].徐州:中国矿业大学,2020.

[8] 杨峰.高应力软岩巷道变形破坏特征及让压支护机理研究[D].徐州:中国矿业大学,2009.

[9] 于胜红.松软煤巷周围煤岩体蠕变失稳及其支护技术研究[D].西安:西安科技大学,2015.

[10] 薛华俊.大断面软弱煤帮巷道注浆体力学特性与控制技术研究[D].北京:中国矿业大学(北京),2016.

[11] 李小亮,郭伟耀,尹延春,等.卸压煤体缓冲吸能效应模拟分析[J].煤矿安全,2021,52(2):201-206.

[12] 张戎令,郝兆峰,祁强,等.考虑温度变化的钢管混凝土徐变试验研究及预测模型[J].材料导报,2021,35(20):20028-20034.

[13] 姜鹏飞,康红普,王志根,等.千米深井软岩大巷围岩锚架充协同控制原理、技术及应用[J].煤炭学报,2020,45(3):1020-1035.

[14] 刘德军,左建平,郭淞,等.深部巷道钢管混凝土支架承载性能研究进展[J].中国矿业大学学报,2018,47(6):1193-1211.

[15] 张淑同,杨志恒,汪华君,等.采场破碎煤体注浆加固渗流规律研究[J].采矿与安全工程学报,2006,23(3):358-361.

[16] 孙晓明,陈峰,梁广峰,等.防膨胀软岩注浆材料试验及应用研究[J].岩石力学与工程学报,2017,36(2):457-465.

[17] 胡少银,刘泉声,李世辉,等.裂隙岩体注浆理论研究进展及展望[J].煤炭科学技术,2022,50(1):112-126.

[18] 刘向阳,程桦,黎明镜,等.基于浆液流变性的深埋岩层纵向劈裂注浆理论研究[J].岩土力学,2021,42(5):1373-1380.
[19] 韩瑞庚.地下工程新奥法[M].北京:科学出版社,1987.
[20] 黄振.矿山巷道支护理论与技术现状探讨[J].当代化工研究,2020(13):41-42.
[21] 刘德军,左建平,刘海雁,等.我国煤矿巷道支护理论及技术的现状与发展趋势[J].矿业科学学报,2020,5(1):22-33.
[22] 杨双锁.煤矿回采巷道围岩控制理论探讨[J].煤炭学报,2010,35(11):1842-1853.
[23] 郭中海,单智勇,柏建彪,等.高应力软岩巷道围岩控制理论与技术研究[R].焦作煤业(集团)有限责任公司,2005.
[24] 陆家梁.松软岩层中永久洞室的联合支护方法[J].岩土工程学报,1986,8(5):50-57.
[25] 郑雨天,祝顺义,李庶林,等.软岩巷道喷锚网:弧板复合支护试验研究[J].岩石力学与工程学报,1993,12(1):1-10.
[26] 董方庭,宋宏伟,郭志宏,等.巷道围岩松动圈支护理论[J].煤炭学报,1994,19(1):21-31.
[27] 郭志宏,董方庭.围岩松动圈与巷道支护[J].矿山压力与顶板管理,1995,12(增刊1):111-114.
[28] 侯朝炯,勾攀峰.巷道锚杆支护围岩强度强化机理研究[J].岩石力学与工程学报,2000,19(3):342-345.
[29] 何满潮,陈上元,郭志飚,等.切顶卸压沿空留巷围岩结构控制及其工程应用[J].中国矿业大学学报,2017,46(5):959-969.
[30] 何满潮,宋振骐,王安,等.长壁开采切顶短壁梁理论及其110工法:第三次矿业科学技术变革[J].煤炭科技,2017(1):1-9.
[31] 康红普,王金华,林健.高预应力强力支护系统及其在深部巷道中的应用[J].煤炭学报,2007,32(12):1233-1238.
[32] 何满潮,杨军,齐干,等.深部软岩巷道耦合支护优化设计及应用[J].辽宁工程技术大学学报,2007,26(1):40-42.
[33] 孙晓明,何满潮,杨晓杰.深部软岩巷道锚网索耦合支护非线性设计方法研究[J].岩土力学,2006,27(7):1061-1065.
[34] 何满潮,齐干,许云良,等.深部软岩巷道锚网索耦合支护设计及施工技术[J].煤炭工程,2007,39(3):30-33.
[35] 刘森.高应力巷道锚杆支护参数优化研究[J].煤炭科技,2020,41(4):52-54.
[36] 王琦.深部厚顶煤巷道围岩破坏控制机理及新型支护系统对比研究[D].济南:山东大学,2012.
[37] 康红普,王金华,林健.煤矿巷道锚杆支护应用实例分析[J].岩石力学与工程学报,2010,29(4):649-664.
[38] 袁亮,薛俊华,刘泉声,等.煤矿深部岩巷围岩控制理论与支护技术[J].煤炭学报,2011,36(4):535-543.
[39] 刘泉声,张华,林涛.煤矿深部岩巷围岩稳定与支护对策[J].岩石力学与工程学报,2004,23(21):3732-3737.

[40] 康红普.我国煤矿巷道锚杆支护技术发展60年及展望[J].中国矿业大学学报,2016,45(6):1071-1081.
[41] 柏建彪,王襄禹,贾明魁,等.深部软岩巷道支护原理及应用[J].岩土工程学报,2008,30(5):632-635.
[42] 何满潮,袁和生,靖洪文,等.中国煤矿锚杆支护理论与实践[M].北京:科学出版社,2004.
[43] 黄万朋.深井巷道非对称变形机理与围岩流变及扰动变形控制研究[D].北京:中国矿业大学(北京),2012.
[44] 陆士良,汤雷.巷道锚注支护机理的研究[J].中国矿业大学学报,1996,25(2):1-6.
[45] 汤雷,富强,陆士良.锚注支护作用机理[J].山西煤炭,1996(4):36-38.
[46] 杨新安,陆士良.软岩巷道锚注支护理论与技术的研究[J].煤炭学报,1997,22(1):32-36.
[47] 康红普,冯志强.煤矿巷道围岩注浆加固技术的现状与发展趋势[J].煤矿开采,2013,18(3):1-7.
[48] 李桂臣,张农,许兴亮,等.水致动压巷道失稳过程与安全评判方法研究[J].采矿与安全工程学报,2010,27(3):410-415.
[49] 张农,李桂臣,许兴亮.顶板软弱夹层渗水泥化对巷道稳定性的影响[J].中国矿业大学学报,2009,38(6):757-763.
[50] 安智海,张农,倪建明,等.朱仙庄煤矿松软破碎岩层巷道底鼓控制技术[J].采矿与安全工程学报,2008,25(3):263-267.
[51] 许兴亮,张农,徐基根,等.高地应力破碎软岩巷道过程控制原理与实践[J].采矿与安全工程学报,2007,24(1):51-55.
[52] 曹晨明,冯志强.低黏度脲醛注浆加固材料的研制及应用[J].煤炭学报,2009,34(4):482-486.
[53] 曹呆军.超前预注浆加固技术在软煤巷道掘进中的应用[J].中州煤炭,2009(1):52-53.
[54] 陈科,刘兆义,顾新泽,等.大采深综采工作面过断层超前预注浆技术应用[J].煤炭技术,2012,31(11):59-61.
[55] 冯志强,康红普,韩国强.煤矿用无机盐改性聚氨酯注浆材料的研究[J].岩土工程学报,2013,35(8):1559-1564.
[56] 韩玉明.综放工作面回风巷超前预注浆加固技术[J].煤炭科学技术,2013,41(8):42-45.
[57] 李泉新.煤层底板超前注浆加固定向钻孔钻进技术[J].煤炭科学技术,2014,42(1):138-142.
[58] 郭士强,刘白龙,范宗福.超前预注浆在高原松软煤层中的研究及应用[J].煤炭技术,2015,34(2):20-21.
[59] 张农,王保贵,郑西贵,等.千米深井软岩巷道二次支护中的注浆加固效果分析[J].煤炭科学技术,2010,38(5):34-38.
[60] 何满潮,袁越,王晓雷,等.新疆中生代复合型软岩大变形控制技术及其应用[J].岩石

力学与工程学报,2013,32(3):433-441.

[61] 杨仁树,薛华俊,郭东明,等.大断面软弱煤帮巷道注浆加固支护技术[J].煤炭科学技术,2014,42(12):1-4.

[62] 刘泉声,卢超波,刘滨,等.深部巷道注浆加固浆液扩散机理与应用研究[J].采矿与安全工程学报,2014,31(3):333-339.

[63] 王炯,王浩,郭志飚,等.深井高应力强膨胀软岩泵房硐室群稳定性控制对策[J].采矿与安全工程学报,2015,32(1):78-83.

[64] 李召峰,李术才,刘人太,等.富水破碎岩体注浆加固材料试验研究与应用[J].岩土力学,2016,37(7):1937-1946.

[65] 王琦,潘锐,李术才,等.三软煤层沿空巷道破坏机制及锚注控制[J].煤炭学报,2016,41(5):1111-1119.

[66] 孟庆彬,韩立军,乔卫国,等.大断面软弱破碎围岩煤巷演化规律与控制技术[J].煤炭学报,2016,41(8):1885-1895.

[67] 孙利辉,杨本生,孙春东,等.深部软岩巷道底鼓机理与治理试验研究[J].采矿与安全工程学报,2017,34(2):235-242.

[68] YAHIRO T,YOSHIDA H. Induction grouting method utilizing high speed water jet [R].[S.l.],1973.

[69] YOSHITAKE I,NAKAGAWA K,MITSUI T,et al. An evaluation method of ground improvement by jet-grouting[J]. Tunnelling and underground space technology, 2004,19(4/5):496-497.

[70] 朱明诚,韩强,赵贵斌,等.卵砾石含水层高压旋喷注浆止水帷幕技术[J].煤田地质与勘探,2020,48(4):74-79.

[71] LIU W B. The application of high-pressure rotary jet grouting curtain on the ocean engineering structure[J]. IOP conference series: earth and environmental science, 2021,651(4):042060.

[72] GULER E,GUMUS S G. Jet grouting technique and strength properties of jet grout columns[J]. Journal of physics:conference series,2021,1928(1):012006.

[73] BRINCK M,STIGENIUS K,BEIJER L A. Prediction of jet grouting diameter in Swedish soil conditions[J]. IOP conference series: earth and environmental science, 2021,710(1):012003.

[74] 唐明裴,王如寒,宁平华.基于双液高压旋喷注浆处理后桩基持力层安全厚度分析[J].北京交通大学学报,2020,44(1):129-134.

[75] NIKBAKHTAN B,APEL D,AHANGARI K. Jet grouting: mathematical model to predict soilcrete column diameter: part Ⅰ[J]. International journal of mining and mineral engineering,2015,6(1):46.

[76] 袁波.高压旋喷射流流动特性及应用研究[D].武汉:武汉大学,2014.

[77] WU H N,ZHANG P,CHEN R P,et al. Ground response to horizontal spoil discharge jet grouting with impacts on the existing tunnels[J]. Journal of geotechnical and geoenvironmental engineering,2020,146(7):05020006.

[78] 薛振年,陈国龙,孔维康,等.旋喷桩加固黄土隧道基底及仰拱数值模拟[J].西安科技大学学报,2018,38(4):577-584.
[79] 任鹏.水平高压旋喷桩在隧道软弱围岩加固中的应用研究[D].成都:西南交通大学,2017.
[80] 商治.高压旋喷桩加固岩溶空洞软弱地基的作用机理及应用关键技术研究[D].西安:西安建筑科技大学,2021.
[81] MAROTTA M,DA VIÀ A,PEACH G. High pressure jet grouting for a collapsed tunnel:a case study[C]//International Conference and Exhibition on Tunnelling and Trenchless Technology,2006.
[82] OCHMAŃSKI M,MODONI G,BZÓWKA J. Numerical analysis of tunnelling with jet-grouted canopy[J]. Soils and foundations,2015,55(5):929-942.
[83] 雷小朋.水平旋喷桩预支护作用机理及效果的研究[D].西安:西安科技大学,2009.
[84] 黎中银.水平高压旋喷工法在预加固工程中的应用研究[D].北京:中国地质大学(北京),2009.
[85] 张彦斌.水平旋喷注浆预支护技术作用机理与效果研究[D].北京:北京交通大学,2006.
[86] 黄建明.水平旋喷搅拌桩在暗挖隧道超前支护中的应用[J].铁道建筑,2007(7):26-28.
[87] 李昕晔.水平旋喷技术在矿山法隧道下穿浅基础建筑物施工中的应用[J].铁道建筑技术,2015(11):66-69.
[88] 王银献,陈浩生.水平高压旋喷注浆技术在浅埋隧道预支护中的应用[J].施工技术,2004,33(10):63-64.
[89] 张军.水平旋喷超前预支护加固技术在隧道富水粉细砂层施工中的应用[D].兰州:兰州交通大学,2015.
[90] 石钰锋.浅覆软弱围岩隧道超前预支护作用机理及工程应用研究[D].长沙:中南大学,2014.
[91] 贾涛.水平旋喷预支护技术在铁路隧道中的应用分析[J].江西建材,2017(5):173.
[92] 刘贞堂.突出煤层煤体变形模量与普氏坚固性系数的关系[J].煤炭工程师,1993(2):20-22.